建筑百科大世界丛书

陵墓建筑

谢宇　主编

花山文艺出版社

河北·石家庄

图书在版编目（CIP）数据

陵墓建筑 / 谢宇主编. -- 石家庄：花山文艺出版社，2013.4（2022.3重印）
（建筑百科大世界丛书）
ISBN 978-7-5511-0877-5

Ⅰ.①陵… Ⅱ.①谢… Ⅲ.①陵墓－建筑艺术－世界－青年读物②陵墓－建筑艺术－世界－少年读物 Ⅳ.①TU251.2-49

中国版本图书馆CIP数据核字(2013)第080229号

丛　书　名：建筑百科大世界丛书
书　　　名：陵墓建筑
主　　　编：谢　宇

责任编辑：尹志秀
封面设计：慧敏书装
美术编辑：胡彤亮
出版发行：花山文艺出版社（邮政编码：050061）
　　　　　　（河北省石家庄市友谊北大街 330号）
销售热线：0311-88643221
传　　真：0311-88643234
印　　刷：北京一鑫印务有限责任公司
经　　销：新华书店
开　　本：880×1230　1/16
印　　张：10
字　　数：151千字
版　　次：2013年5月第1版
　　　　　　2022年3月第2次印刷
书　　号：ISBN 978-7-5511-0877-5
定　　价：38.00元

编 委 会 名 单

前　言

　　建筑是指人们用土、石、木、玻璃、钢等一切可以利用的材料，经过建造者的设计和构思，精心建造的构筑物。建筑的目的是获得建筑所形成的能够供人们居住的"空间"，建筑被称作"凝固的音乐""石头史书"。

　　在漫长的历史长河中留存下来的建筑不仅具有一种古典美，而且其独特的面貌和特征更让人遥想其曾经的功用和辉煌。不同时期、不同地域的建筑各具特色，我国的古代建筑种类繁多，如宫殿、陵园、寺院、宫观、园林、桥梁、塔刹等；现代建筑则以钢筋混凝土结构为主，并且具有色彩明快、结构简洁、科技含量高等特点。

　　建筑不仅给了我们生活、居住的空间，还带给了我们美的享受。在对古代建筑进行全面了解的过程中，你还将感受古人的智慧，领略古人的创举。

　　"建筑百科大世界丛书"分为《宫殿建筑》《楼阁建筑》《民居建筑》《陵墓建筑》《园林建筑》《桥梁建筑》《现代建筑》《建筑趣话》八本。丛书分门别类地对不同时期的不同建筑形式做了详细介绍，比如统一六国的秦始皇所居住的宫殿咸阳宫、隋朝匠人李春设计的赵州桥、古代帝王为自己驾崩后修建的"地下王宫"等，内容丰富，涵盖面广，语言简洁，并且还穿插有大量生动有趣的"小故事"版块，新颖别致。书中的图片都是经过精心筛选的，可以让读者近距离地感受建筑的形态及其所展现出来的魅力。打开书本，展现在你眼前的将是一个神奇与美妙并存的建筑王国！

　　丛书融科学性、知识性和趣味性于一体，不仅能让读者学到更多的知识，还能培养他们对建筑这门学科的兴趣和认真思考的能力。

丛书编委会

2013年4月

▓目 录▓

陵墓建筑艺术

　　中国古代讲究土葬。新石器时代墓葬多为长方形或方形竖穴式土坑墓，地面无标志。在河南安阳殷墟遗址中曾发现不少巨大的墓穴，有的距地表深达10余米，并有大量奴隶殉葬以及车、马等随葬。周代陵墓集中在现陕西省西安市和河南省洛阳市附近，尚未发现确切地点，陵制不详。战国时期的陵墓开始形成巨大坟丘，并设有固定陵区。秦始皇陵位于陕西省西安临潼区，规模巨大，封土很高，围绕陵丘设内外二城及享殿、石刻、陪葬墓等。据史料记载，地下寝宫装饰华丽，随葬有各种奇珍异宝，其建筑规模对后世陵墓影响很大。

　　汉代帝王陵墓多于陵侧建城邑，称为"陵邑"。唐代是中国陵墓建筑史上的一个高潮，有的陵墓依山而筑，气势雄伟。由于帝王谒陵的需要，在陵园内设立了祭享殿堂，称为"上宫"；同时在陵外设置斋戒、驻跸用的下宫。陵区内置陪葬墓，安葬诸王、公主、嫔妃，乃至宰相、功臣、大将、命官。陵山前排列有石人、石兽、阙楼等。北宋除徽、钦二帝被金人所掳，囚死漠北外，七代帝陵都集中在今河南省巩义市，其规模小于唐陵。南宋建都临安，仍拟还都汴梁，故帝

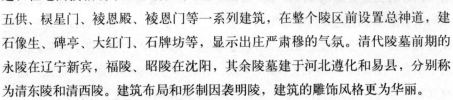

王灵柩暂置绍兴，称攒宫。元代帝王死后，葬于漠北起辇谷，按蒙古族习俗，平地埋葬，不设陵丘及地面建筑，因此至今陵址难寻。明代是中国陵墓建筑史上的另一个高潮。明太祖孝陵（见明孝陵）位于今江苏省南京市，其余各帝陵位于北京昌平区天寿山，总称明十三陵。各陵都背山而建，在地面按轴线布置宝顶、方城、明楼、石五供、棂星门、祾恩殿、祾恩门等一系列建筑，在整个陵区前设置总神道，建石像生、碑亭、大红门、石牌坊等，显示出庄严肃穆的气氛。清代陵墓前期的永陵在辽宁新宾，福陵、昭陵在沈阳，其余陵墓建于河北遵化和易县，分别称为清东陵和清西陵。建筑布局和形制因袭明陵，建筑的雕饰风格更为华丽。

中国古代陵墓制度是中国传统文化的一项重要内容，也是中国传统礼乐文明的重要物化表现形式，不同时代的陵墓制度反映了不同时期的文化思想和社会风貌，因此，古代陵墓制度是对中国传统文化进行深入研究的一个重要切入点。对历代陵墓制度进行系统、深入的研究，有助于对中国传统文化进行更深层次的探索；对于中国古代礼制文明的研究来说，其意义尤其重大。

古代陵墓建筑的起源

陵墓建筑作为封建皇帝的地下王国，完全按照"事死如事生，事亡如事存"的礼制原则建造，一直是中国古代建筑中的重要类型和具有中国特色的艺术形态。其建筑表现为不仅模仿皇宫建设令人瞩目的地上建筑，还有奢侈豪华的地下墓穴建筑。

君王的坟墓称"陵"，是从战国中期开始，它首先出现在赵、楚、秦等国。由于社会的进一步发展和封建王权的不断加强，当时作为最高统治者的帝王的坟墓，造得越来越高大宽阔，状似山陵，坟墓也因此被称为"陵"。最早

称墓为"陵"的是出自《史记·赵世家》中所载的公元前335年的赵肃侯的"起寿陵"。西周以前，帝王坟墓多为木椁大墓，地面不封不树。秦以前，对先王的祭祀不在墓地进行，因此，陵墓建筑还没有祭祀殿之类的建筑。秦始皇首次将祭祀用的寝殿建在墓地，开创了在寝殿中供奉和祭祀帝王的陵寝制度，并为以后历代帝王陵墓所效仿。

古代陵墓建筑发展特征

中国古代皇陵是我国封建社会特有的建筑文化产物，是政治、经济、文化的重要组成部分。从这个角度上讲，它也切切实实符合了"重死实质为重生"的陵墓建筑文化的礼教需要和统治利用，是封建政治、礼制、道德教化的极端形式和维护社会秩序的明智手段。因此，在各个不同时期的陵墓建筑，必定受到其时、其地、其规、其制的影响和制约，表现出不同时期陵墓建筑的不同特征。

孕育仰韶文化史的前社会时期，尚未产生阶级，人们还没有王权统治思想，因此一般没有专门的墓室建筑，用棺者也很少，更别说陵墓建筑了。即使是为后世津津乐道的"三王贤圣"时代也是如此。《墨子·节葬》中记载，尧、舜、禹埋葬时，都是用葛布包裹尸体，棺木只有10厘米厚，墓坑深度只要求"下毋及泉，上毋通臭"即可。

殷商时期，灵魂观念还没有成为社会文化和王室政治的共同认识，帝王陵墓虽然也表现为不封不树，没有坟丘和陵园形态，但此时已出现使用棺椁的安葬制度和"亚"字形的地下墓室。商代晚期的殷墟西北冈王陵陵区八位商王大墓平面呈"十"字形。殷商时期开始的重葬意识和墓建文化，可视为中国古代陵墓建筑的萌芽时期。

周代，普遍产生了灵魂观念，神灵意识在王公贵族中得到普及，地上等级制演绎出地下等级制。于是，在殷商棺椁制度之外又形成了天子棺椁七重、诸侯五重、大夫三重、士人一棺一椁的中国古代早期墓葬建筑礼仪制度。开始出现封土葬俗和殉葬制，体现出等级文化的意义。

春秋战国时期，等级制度化和《周礼》使诸国风行厚葬，王室陵墓规模大，而且"墓祭"（上坟）流行起来，有了祭祀的祠庙建筑。于是，墓葬礼仪等级化更加明显，随之而来的墓葬礼仪是身份愈高、权势愈大，墓坑就愈深、台阶就愈多、墓道就愈长、为保护棺椁而填充的青（或白）膏泥就愈厚。高层贵族的椁分多室，棺有多重（层），出现分隔椁室的隔板、隔墙、门窗、立柱、顶板等建筑构件，初步形成地下宫殿式的建筑形式。

秦代，封土为覆斗形"方上"陵墓形制，地宫位于封土之下，已开始形成地下和地上相结合的建筑群体。陵墓仿宫廷建筑形式，有高大的覆斗形封土和豪华的地下宫殿，封土周围有双重陵垣，四向辟门，有广阔的陵园，陵墓建筑艺术较前朝更有发展。秦始皇陵墓称骊山，开帝陵设寝祭祀建筑之先河。

汉朝，西汉皇陵的突出特点为：广阔的陵园一望无边；高大的覆斗形封土气势非凡（如平顶之金字塔）；陵上面建寝殿，四周建围墙，呈十字轴线对称；有大型的神道石雕像；实行帝陵居西、后陵居东的"同陵不同穴"规制。帝陵旁还有后妃、功臣贵戚的坟墓，并创陵邑制（即在陵园附近设置县城，建有官署，迁徙天下豪富居住供奉。内建苑囿，外绕城墙，称为"陵邑"，是一

种很特别的贵族居住区，后被汉元帝废止）。西汉逐步形成了完整的皇陵建制，"梓宫、便房、黄肠题凑"的葬具体系成为西汉时期天子使用的最高级葬制，对后代产生了极大的影响。东汉皇陵从选址、布局到地宫建制基本承袭西汉，所不同的是将"梓宫、便房、黄肠题凑"改为"方

石治黄肠题凑"（即用一定规格的长方形条石砌筑墓室，以黄肠石代替黄肠木——黄肠木即柏木，因柏木黄心而俗名之）；改"同陵不同穴"为帝后合葬（合葬之风无疑是中国墓葬文化中的一次大变革）；并确立了朝拜祭祀的一整套上陵礼制。东汉的一整套上陵礼制（西汉祭祀活动是在陵外的庙中，东汉改在陵园中，以陵寝代替宗庙作用，因此，陵墓前的建筑也增加了）不仅完善了皇陵礼制，还逐

步废除了每个皇帝各有一庙的制度，对后代产生了广泛与深远的影响。至此，中国古代陵墓建筑、丧葬文化基本定型，"陵"成为帝王墓的专称。

魏晋南北朝时期，割据纷争不止，南北对峙，争相称帝，帝陵制度也不一致。魏晋陵墓建筑从规制上看虽呈现皇陵之气，但规模缩小，建筑艺术风格明显出现与汉族文化相结合的特点，有的甚至"不封不树"，隐匿不见，其真实的建制还不是很清晰。南北朝时期，逐渐恢复秦汉的讲究之风，造高大的封土，陵前建享殿，神道、石像生气势庞大、布局规整，上陵拜谒之礼也逐渐盛行，为唐宋皇陵的大发展奠定了基础。尤其值得注意的是，北魏皇陵规划出现了寺塔建筑物。南朝皇陵最精湛的是神道两侧的石雕，其形体硕大，造型精美，特点显著，气势不凡，为秦汉以来皇陵较少见。石雕刻无论是布局，还是造型种类，都和历代皇陵不同，尤其是兽类的造型种类，可以"无中生有"创造出许多"神兽"，譬如"天禄""麒麟""辟邪"等。其分布基本为三列对称设置，最前面的是一列两侧相对而立的一对石兽，或天禄、麒麟、辟邪；第二列是神道石柱（墓阙或华表）；第三列是石碑。南朝神道石刻，是中国石雕艺术的奇葩。

隋、唐国力雄厚，经济繁荣，国家复归一统，皇陵建制上改为"以山为

陵"，选择气势雄伟的自然山峰开凿地宫，修建陵园。唐代更追求陵体高大及陵区总体规模的庞大与气势，陵园营造有内、外两重城之分，内城坐南朝北，以陵墓建筑为主，四周有城墙，四角修筑角楼，四面辟有门阙，各门外有墩狮或石马侍立。陵顶不建寝殿，内城南门内有供子孙后代、文武百官举行祭祀活动的献殿。陵前设置明显宽敞的神道，神道两侧摆放象征威严的石人、石马、朱雀、华表等，整个陵园气度不凡。唐皇陵规制不但规模宏大，且陪葬的礼制也达到鼎盛。

五代十国时期，国家处于分裂状态，因此陵墓建筑显得既小且精却又不失皇家风范。前蜀主王建墓有我国保留至今的唯一写实帝王雕像，棺床周围有精美的伎乐浮雕，乐器组合属汉化的龟兹乐系统。

宋代陵墓形制恢复方上形式，其时，国家又复统一，同时受风水堪舆文化影响，修墓选址讲究风水。陵墓建筑虽依旧为"封土为陵"，但已发展为筑圆形砖城，在城内填土使之成一圆顶，曰"宝顶"，城上设垛口，女儿墙成"宝城"。北宋皇陵的最显著特点是统一化和规范化，无论规模、建筑布局还是石像生设置，都呈现出整齐划一的规制，基本按太祖赵匡胤永昌陵的规制修建，建筑恢宏，气势壮阔。

辽金时期，在陵墓建筑上基本仿巩义市宋陵而作，实行因山开凿陵制，但在其中融入了自身的民族文化元素，使陵墓建筑颇具民族特色。陵前建正方形享殿，前置月台，两侧出回廊成院落，回廊正中为辟门。地宫为砖砌多室。最具其朝代特点的是描绘辽帝升迁活动的壁画。辽代也实行陵邑制。

元代，对皇帝实行秘密埋葬，故不建地上陵墓。其葬俗是在两块楠木中间凿成人形，殓入死者，

外以三四卷金线条框紧，然后葬入茫茫草原中，并驱马踏之后上覆盖青草，葬墓不为人知，踪迹难寻。

明代，皇陵建筑既保留了汉陵覆斗形封土、陵前建享殿、内外二城的特点，开创了明帝陵新制；更加讲究风水地貌的完美，对陵宫神道石像技艺精益求精；新设明楼，首创仿皇帝生前宫殿建造的"前朝后寝"陵宫格局；变内城正方形为长方形，改方丘为圆坟，外建砖砌宝城，神道、享殿、神厨由内城外移入内城内。明代皇陵建筑是我国陵墓建筑发生重大变革的时期，也是中国古代陵墓建筑文化的鼎盛时期。

清代具有我国最大的皇陵建筑群，集中体现了以木式结构为主体的中国古代陵墓建筑的最高水准。陵墓形制基本上是沿袭明代建制，陵园主要由前院、方城、宝城组成，在明陵旧制基础上，在坟丘上部增设月牙城，规模更为阔大，建筑本身更讲究制度观念和技艺。其土木结构、石雕、木雕、完善的排水系统等都堪称古建筑艺术的代表作品。

辑安通沟陵墓

在吉林省东南部通化地区辑安城附近，有一片数量多、规模大的古坟群，土坟内有坚固的墓室和精彩的壁画，这就是高句丽时代唯一一处比较完整的墓葬。此处因有老岭山脉自东北向西南贯穿全境，且河流纵横，景色宜人，素有东北"小江南"之称。同时，这里也是吉林省重点保护的名胜古迹之一。

古坟分布极广，现在仅按其集中点划分为四个区域：第一区在辑安县城西南方向通沟乡七星山地区，沿麻线沟的两岸分布，约1500座，其中较大的

一片古坟区也有十几座；第二区在辑安县城西北方向，又分为四个小的集中部分，约1000座，其中较大的一片也有20多座；第三区在辑安县城的东北部东至土口子山（龙山）、北至如山（雨山）的庞大范围内，这一区的大小墓葬有3000多座，其中大坟区有30多座，如将军坟、太王陵、舞蹈坟等均分布在这个区域；第四区沿鸭绿江溯江而上至下羊鱼头乡，这是较小的一区，大、小古坟共300多座，其中大的坟区有十几座。辑安古墓的构造分为两部分：一部分是石头坟，就是内外

用大型石块构成，尺寸宽大，气势雄伟，给人以极其森严的视觉感受。石头坟主要用于"王"等重要人物的坟墓，如太王陵、将军坟等；另一部分是土顶坟（如我们常见的普通坟），它用土做圆顶状，墓室内用石块做材料。此外，坟土散失，异常平矮，为等级较低的墓葬。

　　在土顶坟内部都绘有壁画，壁画的位置全部在墓室的四个墙面和天花板处。对于画面的处理也分两种：一种是直接绘于石壁的表面上，因这类石块体积大、表面平整，不用抹白灰，但当石面湿润后，画面易被冲刷掉；另一种是在石块的表面上抹满白灰，将画绘在这光滑的白灰墙面上。采用这样做法的原因是石块碎小、石缝甚多，不适于绘画，故用白灰涂平，可使绘画鲜明，其缺点是当墙面潮湿后灰皮酥软，有脱落的危险。

　　壁画画法全部以墨线为轮廓，内填青、白、黄、赭、绿等色，极为鲜明。

每幅画面的内容都非常完整，其边缘以柱、斗拱、梁枋陪衬，使画面看上去更规整。壁画的题材有居家略、宴饮、舞蹈、攻城、打猎等，其绘画用笔因画面不同而略有差异，例如四神坟内的仙人、仙鹤画法工整、清晰，天花云龙也很细致；三室坟内的力士图四肢粗壮；舞蹈坟内宴饮图的人物眉目清秀，舞女姿态优美大方，衣着整齐，朝族鲜妇女的服装至今还保留着与其极相似的风格。

高句丽古墓无论是从建筑上、艺术上还是考古学上，都是一笔很宝贵的遗产。

六顶山古墓群

六顶山古墓群，坐落在吉林省敦化城南4000米处的六顶山上，为国家级重点文物保护单位。在六顶山上从北向南看，连绵起伏的六座山峰呈"一"字排列，像一道屏风矗立在田野上，主峰南坡有个向阳避风的山坳，这里便是古墓群之所在。古墓群依山北凹处而葬，取山地灵气，墓区绿树环绕、青草茂盛，在一派肃穆中给人一种历史的沉重感。

六顶山古墓群是渤海国早期王族和贵族的陵寝，是古渤海时期的重要文化遗存之一，墓地共有两个墓区，100余座墓葬。第一墓区在西侧，以贞惠公主墓为主；第二墓区在东侧，是个很规整的椅子形山坳。山坳前不远，有个不高的平岗，像一个书案，其西矗立着一座尖形的小山，风水学家说："宰相笔，案头出"，这应当是主体墓区，由贞惠公主墓的碑文中记载："七年（779年）陪葬于珍陵之西原"来看，在其附近应有大钦茂的墓葬地，实情是否如此，还有待于考古挖掘来发现。贞慧公主是渤海国第三代王大钦茂的次女，生于公元737年，卒于公元777年，终年40岁。贞慧公主去世后曾停枢待葬3年，于公元780年正式下葬于"珍陵之西原"，即现在的敦化市六顶山上渤海王室贵族坟茔地内。其陵墓为大型石室封土墓，经发掘而出珍贵的墓碑一方、雄、雌石狮各一尊、海流鎏金圆帽等文物，墓中石狮造型生动，一派唐风，反映了那个时期吸收汉民族文化大放异彩的渤海文明。

六顶山古墓群现为国家级重点文物保护单位，是六顶山旅游区的一个重要考古专项旅游项目，具有极高的历史现实意义。其中渤海国公主墓及迁移时遗留下的二十四块石碑等遗迹，对研究渤海历史文化、培育深层次旅游市场起到了重要作用，具有较高的考古研究价值。

龙头山古墓群

龙头山古墓群是中国唐代渤海国王室贵族的墓地，位于吉林省和龙县龙海村西北1500米处的龙头山东坡。

1980年，考古学家发现并发掘了贞孝公主墓。1988年，中华人民共和国国务院公布其为全国重点文物保护单位。

墓区长约200米，宽100米，已查明共有古墓10座。墓室多以石块和大石板修筑，封土上散布有砖瓦，可知原来应有建筑物。贞孝公主墓位于山坡顶部，由墓室、甬道、墓门、墓道及墓塔等构成，南北长15米，东西宽7米。墓室平面呈长方形，南北长3.1米，东西宽2.1米，高1.9米。底铺方砖，四壁以青砖砌筑，东西两壁上部用砖和石板搭叠出两坡式顶，再横搭数块大石板封盖。室内有砖筑棺床，前置石板门。墓道后段作斜坡式，前段为5级台阶。墓塔修筑在墓室正上方，砖砌塔基近方形，南北长5.65米，东西宽5.5米。正中为一平面方形的空心塔，南北长2.7米，东西宽2.6米。墓壁涂白灰，绘壁画。甬道后部东西两壁各绘一头戴兜鍪、身穿铠甲的武士。墓室东西北3壁绘侍从、乐伎等10人，头戴幞头或系抹额，身着圆领长袍，腰束革带，足踏靴或麻鞋，手持乐器等物。人物均以细线起稿，敷染朱、红、赭、青、绿、白等色，最后用墨线定稿，笔触工谨，形象丰腴，作风悉同盛唐。墓中出土有贞孝公主墓碑一通，另有陶俑、陶器残片、鎏金铜饰等。墓碑通高105厘米，宽58厘米，厚26厘米，上有阴刻汉字楷书刻就的碑文，共18行，728字。据记载，贞孝公主是渤海第三代王大钦茂的第四女，卒于大兴五十六年（792年）。墓中骨骸分属两个男女个体，推知此墓当为公主与驸马的合葬墓。碑文明确记载公主"陪葬于染谷之西原"，推知这一带应有渤海王族的陵墓。

1981年，文物部门在贞孝公主墓上建造房舍，并对壁画做了化学防护。

盛京三陵

盛京三陵，指清朝早期的三个皇家陵寝，即福陵、昭陵和永陵。2004年7月1日，在中国苏州召开的第28届世界遗产委员会会议批准位于中国辽宁的盛京三陵作为明清皇家陵寝扩展项目列入世界文化遗产。

位于辽宁的盛京三陵，也称"东北三陵"，是开创清朝皇室基业的祖先陵墓。盛京三陵加上已列入《世界文化遗产名录》的清东陵、清西陵，构成了一组清朝帝陵体系，浓缩了清朝的历史。

永陵在盛京三陵中规模最小，占地仅1.1万多平方米，由于是清朝皇族的祖陵而位列三陵之首。永陵始建于公元1598年，坐落在辽宁新宾满族自治县城西的永陵镇。陵内埋葬着努尔哈赤的六世祖猛哥帖木儿、曾祖福满、祖父觉昌安、父亲塔克世及伯父礼敦、叔父塔察篇古以及他们的福晋。启运山如屏风矗立背后，苏子河如玉带飘过陵前，河对岸的烟囱山与启运山遥相呼应，使处在

群山环绕中的永陵显得十分壮阔。清皇室把永陵视为"兆基帝业钦龙兴"之地，所以终年香火不断。康熙、乾隆、嘉庆、道光等皇帝曾先后9次亲自来到永陵祭祖，使永陵祭祖活动成为清代的国家典制。

昭陵是清太宗皇太极及其皇后的陵墓，在

盛京三陵中规模最大，结构最完整。因坐落在沈阳市北端，故又称"北陵"。昭陵始建于清崇德八年（1643年），与福陵同年竣工，经康熙、嘉庆增建，陵区占地面积近48万平方米，现存古建筑38座。昭陵建在平地上，四周建有缭墙，极

似一座小城。主体建筑都建在中轴线上，由南至北依次为：神桥、牌楼、正红门、碑亭、隆恩门、隆恩殿、明楼、宝顶。方城中心的隆恩殿以雕刻精美的花岗岩台阶为底座，黄琉璃瓦顶，再加上画栋雕梁、金匾红墙，前有隆恩门，后有明楼，左右有配殿，四隅有角楼，如众星拱月一般，显得异常雄伟。方城北端为宝城，宝城为月牙形，顶层称"宝顶"。登上宝顶，向四处望去，绿树环绕，景色优美，宛若置身于寂静的山林之中。

昭陵建筑完整无双，独具特色，仿自明陵又具有满族陵寝的特点，是汉、满民族文化交流的典范，是清初"关外三陵"中规模最大、气势最宏伟的一座。

福陵是清太祖努尔哈赤与皇后叶赫那拉氏的陵墓，是清朝命名的第一座皇陵。陵区坐落在沈阳市东北11千米处，占地近54万平方米，现存古建筑32座。福陵始建于后金天聪三年（1629年），竣工于清顺治八年（1651年），经康熙、乾隆两帝增建，才渐渐具有了现在的规模。陵墓面临浑河，背依天柱山，水绕山环，草深林密，景色清幽。晋谒此陵时，由正红门到碑楼，须登108级石阶。建筑物随坡势起伏而显得更加错落有致、高大雄伟。

辽阳壁画墓群

　　辽阳壁画墓群是中国东汉魏晋时期石室壁画墓群。分布在辽宁省辽阳市北郊太子河两岸的棒台子、北园、三道壕、小青堆子、东台子、南台子等处。辽阳东汉魏晋时为辽东郡治所，汉魏之际公孙氏曾割据于此50年，其中一批大型多室墓，墓主应属公孙氏政权望族。1961年，中华人民共和国国务院公布其为全国重点文物保护单位。

　　壁画墓均有高大的封土，墓室为石板构筑，白灰勾缝，平面略呈方形，大墓长、宽均为7米左右，小墓长、宽为3～4米。一般由墓门、前室、棺室、前廊（或回廊）、左右耳室组成，棺室有2～6个不等，棺室间石板上有窗式空洞。东汉墓设石棺，左右耳室大小相当，魏晋墓设尸床，耳室大小不同。

　　随葬器物有井、灶、罐、盘、楼等陶明器、铜带勾、铜镜、金指环、银顶针、铁剪刀、骨簪、骨尺等生活用具以及半两、五铢、货泉等铜钱。

　　墓门两侧、前廊（或回廊）、耳室及墓室顶部绘有壁画。内容以表现墓主的经历和生活题材为主，有门卒门犬、百戏乐舞、车骑仪仗、宴饮庖厨、楼阁宅院、武库仓廪等，墓室顶部多绘有日月流云。棒台子墓的车骑仪仗图，全队有175人、127匹马、10辆车，场面宏大。壁画直接描绘在石板上，采用墨线勾勒后，平涂朱色。

　　辽阳壁画墓早年多次被盗。中华人民共和国成立后，由画家对墓中的重要壁画进行了临摹，将被盗墓室封闭保护。1961年后，辽宁省文博部门对墓群进行多次复查，并采取复原措施，划定保护范围，成立了文物保护组织，对壁画采取科学方法进行保护。

明十三陵

　　十三陵位于北京市昌平区北20千米处的天寿山南麓，距北京市中心约50千米。自明永乐以来，明朝13个皇帝皆环葬于此，故有十三陵之称。陵区方圆约40平方千米，有朝宗河萦绕东去，龙虎二山东西对峙，景色苍秀，气势壮阔，这块风水宝地是明成祖朱棣派30多位风水师花费2年多的时间才选定的。13座金碧辉煌的明陵隐现于北部山林之中，构成优美寂静的皇家陵园景观。

　　十三陵始建于明永乐七年（1409年），至清顺治元年（1644年）为止，前后共用了225年。13座陵墓都背山而建，除建筑面积、规模大小不同外，其形制和格局大体相同。每陵各居一山。依建陵时间的先后，依次为长、献、景、裕、茂、泰、康、永、昭、定、庆、德、思陵。共葬有13位皇帝、23位皇后、1位贵妃和数十名殉葬宫人。陵区内还曾建有妃子墓7座、太监墓1座和行宫、园囿、石牌坊、大宫门、神道等附属建筑。其后200年间曾被定为"禁地"。

中华人民共和国成立后，人民政府先后对长、献、景、永、昭、定、思七陵和神道建筑进行修葺，按计划成功地发掘了定陵地下宫殿，出土了大量随葬品，现在十三陵博物馆展出。在陵区东南，还修建了十三陵水库。1961年，十三陵被公布为全国重点文物保护单位。

十三陵整体规划由神道和陵园两部分组成。神道位于长陵前，长达7千米，原是通向长陵的一条大道，后为各陵所共有，也称"陵道"。陵区最南端的石牌坊为十三陵的起点，牌坊建于明嘉靖十九年（1540年），为五间六柱十一楼，总宽28.86米，最高处高14米。六根大柱立于石基上，柱脚表面浮雕云龙，柱脚上部前后加饰卧龙各一。额枋上覆无殿顶，两旁掇以夹楼。牌坊全部采用大型汉白玉石构件组成，是今存石牌坊中较大的一座。

牌坊以北的大红门，为陵区正门，门三洞，丹壁黄瓦，单檐无殿顶、无斗拱，用冰盘檐代替。过大红门，有碑亭立于神道中央。亭顶为重檐歇山。亭内石碑，"龙首龟趺"，约高6.5米。亭外四角，立有白石华表。

过碑亭北行，有石人、石兽分列神道两旁。石像生之制除增勋臣四像外，均循明孝陵遗法。石像生北为龙凤门（亦称"灵星门"），门有三座，其间连以短墙。门柱上饰云板异兽，略似华表。

长陵位于天寿山主峰前，是明朝第三位皇帝明成祖朱棣（1360-1424）和皇后徐氏的合葬陵。

陵寝的主体部分陵宫始建于明永乐七年（1409年），明宣德二年（1427年）竣工。占地约12万平方米。其平面布局呈前方后圆的形状。其前面的方形部分，由前后相连的三进院落组成。第一进院落前设陵门一座。其制为单檐歇山顶的宫

门式建筑，面阔五间，檐下额枋、飞子、檐椽及单昂三踩式斗拱均系琉璃构件，其下辟有三个红券门。陵门之前建有月台，左右建有随墙式角门。院内，明朝时建有神厨（居左）、神库（居右)各五间，神厨之前建有一座碑亭。神厨、神库均毁于清代中期，碑亭则留存至今。主要建筑有宝城，直径在300米左右，内填黄土，在明

十三陵中规模最大。

　　明亡后，陵园建筑经过多次修葺，除左右廊庑、神厨、神库、宰牲亭、具服殿不存外，其他主要建筑均被保存下来，其中楠木结构的祾恩殿和祾恩门是明代陵寝中仅存的殿门建筑，规制宏阔，用材考究，堪称我国古建筑中的瑰宝。

　　明十三陵是十三陵中的首陵，也是我国帝王陵墓中保存较完整的一处。这里埋葬着明成祖朱棣及其以后的13位皇帝，自1490年营建长陵到清初建成思陵，贯穿了明朝200余年的历史。陵区占地120余平方千

米、长、献、景、裕、茂、泰、康、永、昭、定、庆、德、思共13座帝陵布局有序，每座陵园都依山而建，规模宏伟，陵监、陵卫、祠祭署、宰牲亭等设施齐备，各成体系，具有极高的历史、艺术、科学价值，现已成为首都的著名旅游景点。

长陵的地上建筑曾经多次维修，地下部分尚未发掘。地面建筑形制为前方后圆，基本仿照南京朱元璋的明孝陵而建造。其中轴线上的主体建筑有碑亭、神路、陵门、祾恩门、祾恩殿、棂星门、明楼、宝城，附属建筑

对称两旁。

祾门内有三个院落，第二进院落中的祾恩殿是十三陵所有建筑中最大的一座殿宇，也是我国唯一的一座本色楠木巨殿，是谒陵时举行祭祀仪式的地方，面阔九间，进深五间，内竖六根不加粉饰的楠木巨柱，最高达14米，直径为1.17米，殿后穿过内红门便是明楼方城，方城下有甬道可登上明楼。与明楼相连的是宝城城墙，周长1000米左右，中间是宝顶。长陵祾恩殿陈列的"出土文物展览"，是将定陵部分出土文物移到长陵陈列，分为三部分：西半部是出土文物，共22个展柜180余件文物，分别为金器、银器、瓷器、玉器、金锭、银锭、宝花、玉佩饰、玉带、宝带、首饰、袍服、百子衣等，其中有原物也有复制品；东半部是御用织锦陈列，均为复制品，共11个柜子17件展品；中间是十三陵全景模型。

定陵是明神宗（1573-1620）朱翊钧的陵墓。他在位时即行营建，历时6年始成，耗银数百万两。地宫中除葬有皇帝神宗外，还葬有朱翊钧的两个皇后。定陵是十三陵中十三座宝顶下唯一的皇帝陵墓，由它我们可以窥探十三陵地宫全貌。地宫距地面27米，总面积为1195平方米，由前、中、后及左右5个殿堂组成，全部砌成石券拱。前、中殿联成一长方形通道，后殿横在顶端。各殿均有一道汉白玉石门。制作细致，结构合理。靠门轴一面较厚，在0.4米左右；门边一面较薄，这样既可减轻石门的重量，又便于开启。前、中殿由地面至券顶，各高7.2米，宽6米，共长58米，"金砖"（一种用桐油浸泡的特制砖）铺地，光润耐磨。中殿设有宝座和大龙缸（用以点长明灯）等文物。中殿左右两侧有通道通向左右配殿。配殿高7.1米，宽6米，长26米。殿中除置有棺床外，别无他物。后殿最大，是地宫的主要部分，高9.5米，宽9.1米，长30.1米，地面铺磨光花斑石，色彩斑斓。殿中放置朱翊钧和两个皇后的棺椁以及金冠、凤冠、瓷器、丝织品等珍贵文物。

整个陵区周围原来建有围墙，设有大小宫门两座和十个关口，各关口都设置敌楼。十三位皇帝的陵寝，建筑风格、整体布局基本相同，均为前方后圆，只有在面积大小、装饰繁简上略有差异。在十三座陵寝中，建筑最为雄伟的是长陵，结构最为精美的是永陵，规模最小的是思陵。现长、定、昭三陵和神道四处景点对外开放，2003年，十三陵被联合国教科文组织列入《世界文化遗产名录》。

小故事

明永乐五年（1407年），成祖朱棣的皇后徐氏在南京死去，朱棣没有为徐氏在南京建陵，而是派出许多风水先生去北京寻找"吉壤"，以便修建皇家陵园。朱棣派出的人，在北京周边足足找了两年，才找到几处可供他挑选的地方。据说，最先选在口外的屠家营，但因皇帝姓朱，"朱""猪"同音，猪要是进了屠家会被宰杀，所以此处犯地讳不能用。又有一处选在昌平西南的羊山脚下，因为后面有个村子叫"狼儿峪"，猪有被狼吃掉的危险，又不能用。还有一处选在京西的燕家台（在今门沟区），若一旦被选中，老百姓就要被迫迁走。聪明的百姓便编歌谣教儿童唱，把燕家台唱成"晏驾台"（皇帝死叫"晏驾"），所以更不能用。京西的潭柘寺景色很好，也一度入选，但山涧深处地方狭窄，没有子孙的发展余地。朱棣几经选择，最后才看重了江西风水先生廖均卿挑选的今天的十三陵陵区。

十三陵各陵前的石碑，都以龟为趺（底座）。据神话传说，龟是龙的儿子，好负重，并以长寿著称，自古受到器重。皇帝自称"真龙天子"，让其"儿子"驮老子的碑，理所当然。巨大的石碑，在当时是如何立到龟背上去的？民间有"龟不见碑"的传说。据说，当初明成祖朱棣为他父亲朱元璋建碑时，因龟趺太高，石碑立不上去，把主管这项工程的人急得团团转。一天晚上，朱棣梦见神人对他说："想立此碑，必须使龟看不见碑，碑看不见龟。"他醒后来到工地，让民工往龟背上堆土把龟埋起来，顺着土坡将碑拉上去，待碑立起来后，去掉土便成了。

据传，明成祖朱棣死得太突然，众臣不敢泄露，随行太监马云秘密与大学士杨荣、金幼孜谋划，模仿秦始皇死于沙丘的办法，秘密装殓了朱棣的遗体，等回宫后再公布此事。当时搜集了军中的锡器铸成棺材，还把铸棺的工匠全杀了。杨荣等人先到北京向皇太子上奏丧讯，皇太子遣皇太孙往开平迎朱棣遗体入京。正因为朱棣死时的这段秘密行动，自明代以来，便有几种说法流传开来。有的说，朱棣是在打猎时被猛兽咬死的，遗体也被拖走，长陵地宫只埋有朱棣的衣冠。也有的说，朱棣在领兵与北方蒙古族交战时，敌人退进了一座大山的山洞，朱棣的士兵追进去的都没有能出来。朱棣又气又急，亲自进入山洞，刚一进去，石洞便合上了，部下只抢回他的丈二花枪。所以，长陵地宫里只葬有这支花枪。

　　据说，明神宗朱翊钧是一个贪财荒淫、凶暴残忍的君主，他每晚必饮，每饮必醉，每醉必怒，每怒则必杀人。修建定陵时，工地上常有二三万人，其费用远远超出全国的税收。定陵地宫建成后，朱翊钧带着一大群后妃和文武大臣来查看，他一时性起，便在地宫里摆设酒宴，大吃大喝起来。朱翊钧在位时间最长，他生前曾派大批宦官充任税监和矿监，在全国各地广泛搜刮民脂民膏，以致激起了各地百姓的反抗。今天地宫的物品虽很丰富，但与朱翊钧一生无餍的贪求搜刮相比，就显得太单薄了。至于朱翊钧死后未下葬的原因，是因他的太子朱常洛登基仅29天便突然死去，宫中十分混乱，他的孙子熹宗朱由校只好草草处理祖父及父亲的丧事。朱翊钧生前搜刮的无数财宝，也就未能与他一道葬入定陵。

清 东 陵

清东陵位于河北省遵化市马兰峪以西的昌瑞山下，西距北京125千米、南距天津150千米。清东陵是清代三大陵园中最大的一座，陵区南、北长约125千米，东西宽约20千米，总面积达2500平方千米。

清东陵始建于顺治十八年（1661年），完工于光绪三十四年（1908年），前后跨越247年。在这里共建有15座陵寝，其中皇帝陵5座、皇后陵4座，另有妃嫔陵园5座，在马兰峪东部还有公主园寝1座。建筑按一定的规制组合成群。除昭西陵和公主陵外，均以帝陵为中心，后陵、妃园寝依次建于其侧。整个陵区埋葬帝、后、妃及皇子、公主等共161人。

孝陵位于清东陵的中心，是清朝入关第一位皇帝——清世祖福临与他的两位皇后的陵寝。孝陵有一条宽12米、长达6000米的神道贯穿南北。大红门是陵区的正门，门内东侧有一组建筑，名叫"更衣殿"，朝陵者在此更换衣服。大红门的正北面，矗立着为顺治"歌功颂德"的神功圣德碑的碑楼，俗称"大碑楼"。再往前走，一座影壁山将神道分成前后两段，绕过影壁山，神道两侧连续排着望柱和18对石像生，文臣和武将垂手肃立，精神庄严。进入龙凤门（亦称"牌楼门"），经过漫长的神道，穿过单孔石桥、七孔石桥、五孔石桥和三孔石桥，到达孝令之前的广场。广场中央是神道的碑楼，俗称"小碑楼"，其后高台上是孝陵陵寝的正门，名为"隆恩门"。隆恩门内，在汉白玉栏杆围绕的基座上，建有一座面阔五间重檐歇山顶的享殿，名为"隆恩殿"，享店后耸立着重檐歇山顶的城楼，被称为"方城明楼"。城楼内正中为一统石碑，上面刷成红色，用汉、满、蒙三种金色文字刻着死者的号。最后圆形的坟包称为"宝顶"，宝顶四周围有宝城。地宫就建在宝顶的下面。据说地宫里埋葬的不是顺治的尸体而是他的骨灰。

昭西陵是孝庄文皇后的陵寝，位于清东陵风水墙之外东侧。康熙二十七年（1688年）始建，雍正三年（1725年）建成皇后陵。孝庄文皇后，博尔济吉特氏，为清太宗永福宫庄妃，因所生皇九子福临为顺治皇帝而被尊为皇太后。她曾先后辅佐顺治、康熙两代幼主开创基业，是清初的传奇性人物。从地理上看，昭西陵位于沈阳皇太极陵寝之西，故得名。昭西陵建筑规模较大，陵寝建制在清代皇后中规制最高。

景陵是清圣祖康熙皇帝玄烨的陵墓。玄烨是顺治的第三子，8岁即位。在位六十一年，是中国历史上在位时间最长的皇帝，他开创了中国封建社会的最后一个辉煌时期——康乾盛世。景陵位于孝陵以东稍南，建于康熙二十年（1681年），在东陵中规模仅次于孝陵。景陵的建筑规制和布局依顺治帝的孝陵而建，二陵的地面建筑大体相同。景陵隆恩殿内大柱耸立，甚为壮观。从景陵往东，有康熙

妃嫔的园寝两座，即太妃园寝和景妃园寝。其陵寝造型独特，方城并列，连为一双，具有象征意义，后人称为"双妃园寝"。

　　孝陵以西的胜水峪，是乾隆皇帝的裕陵。乾隆是雍正的第四子，25岁登基，在位60年，其后还当了4年的太上皇。裕陵建于乾隆八年至三十八年（1743-1773），占地面积达46公顷。裕陵寝宫，殿宇宏伟，降恩殿内聚金敛玉，琳琅满目，奇珍异宝数不胜数。裕陵地宫建筑工程浩大，工艺精湛，是石

结构和石雕刻相结合的典范，显示了乾隆盛世时期中国建造工艺的水平。地宫内石床中间放置乾隆帝棺椁，两侧葬有2位皇后、3位贵妃。乾隆棺椁体积庞大，高1.67米，棺内衬以五色织金梵字陀罗尼缎五匹，各色织金龙彩缎八匹，内外共衬十三层，十分豪华。随葬殓物极其丰富，有各种珠玉宝石、金银器具数百件，其中最珍贵的是颈项上一串朝珠和身旁一柄九龙宝剑，价值连城。整个地宫装饰富丽豪华，雕琢精巧细致，宛若人间宫殿，不仅是一座不可多得的石雕艺术宝库，也是一座庄严肃穆的佛堂。在裕陵以西500米处，葬有乾隆的皇后乌拉那拉氏和皇贵妃、贵妃及妃嫔贵人等共36人，其中包括有着传奇色彩的香妃园寝。

乾隆帝裕陵的西1500米处的平安峪，是清代第七帝文宗皇帝咸丰的定陵。咸丰是道光第四子，20岁登基，自1851年至1861年共在位十一年，咸丰死于承德避暑山庄，同治四年（1865年）葬入定陵。地宫中还葬有孝德显皇后。定陵之东埋葬着咸丰的另外两位皇后，即普祥峪慈安定东陵和普陀峪慈禧定东陵。

普陀峪定东陵通称"慈禧陵"。这是明、清两朝皇后陵中寝宫祭殿最豪华，也是东陵地面建筑工艺水平最高的一座。

惠陵是同治皇帝载淳的陵墓，位于康熙帝景陵东南3000米左右的双山峪。同治皇帝载淳不仅是清帝中寿命最短的，而且也是亲政时间最短的皇帝。他6岁登基，1862年至1874年在位。18岁开始亲政，19岁亡故，名为亲政，实则朝中大权仍把持在慈禧手中，他只是当了一辈子的傀儡皇帝。惠陵主体建筑的梁架和大木构件是用外国进口的楠木制成的，质地坚硬，十分珍贵，在清东陵中独一无二。

清东陵于2000年被联合国教科文组织正式列入《世界文化遗产名录》。

小故事

爱新觉罗·福临（1638-1661），是清太宗皇太极的第九子，6岁登基，年号"顺治"，在位十八年，死时才24岁。顺治之死为"清初三大疑案"之一。传说，顺治有一位美丽非凡、知书达礼的董鄂妃，与顺治感情甚笃，却在顺治十七年（1660年）病死。董鄂妃死后，顺治悲痛欲绝，竟号哭着要与她共赴黄泉，因文武百官劝阻才作罢。但他万念俱灰，看破红尘，干脆上五台山当了和尚。但据《大清会典事例》所载：顺治十七年董鄂妃死，福临郁郁寡欢，不到半年因病痘，于顺治十八年正月初七子时死于紫禁城内养心殿。顺治死后，棺材停于景山寿皇殿，按佛教礼俗进行火化。这里所说的火化是按佛教的做法。顺治生前信佛，宫廷内有位茚溪森禅师曾为顺治剃度，顺治死后火化时也是这位禅师举火。

传说葬入景陵园寝的两位康熙的皇贵妃曾对乾隆皇帝提携看视、关爱有加，乾隆心存感激，特为两位太妃另造园寝，规制比清陵其他妃子的园寝要高，建有方城、明楼，大殿前还设"丹凤朝阳"丹陛石一块，这也是清代妃子园寝中的孤例。

裕陵侧旁的香妃园寝里的香妃相传就是容妃。她是乾隆40多个嫔妃中唯一的回族女子。容妃生于新疆叶尔羌回部，祖上是伊斯兰教的一个首领。她的哥哥因为配合清廷平定霍集占叛乱有功，被召到北京受封。她也随兄来京，恰巧被乾隆看中，选入后宫，被封为"贵人"。5年之后，她被封为"容妃"。她的家乡有种沙枣树，能

散发出一种奇异的香味。为讨她的欢心，乾隆专门派人去新疆把沙枣树带到京城，移栽在她的宫苑里。这样，她的居室里就常常飘散着这种奇异的芳香，因此，人们称"容妃"为"香妃子"。乾隆五十五年（1790年），容妃病故，葬于河北省遵化市清东陵西侧的裕妃园寝。

1928年，清东陵发生了震惊中外、轰动一时的盗陵案件。六月十二日，奉系二十八军岳兆群部下的团长马福田偷偷地进入马兰峪。军阀孙殿英乘机打起剿匪的旗号，令部下谭温江带领一团兵马，于七月二日拂晓时分发动了突然袭击，将马福田赶跑。同日深夜，动用工兵爆破陵寝，炸开了慈禧陵明楼下的金刚墙，进入地宫的通路，撞开石门进到墓室。盗匪们将慈禧棺内的宝器翡翠西瓜、蝈蝈白菜、玉石莲花、珊瑚树和珠宝一一盗尽，又将慈禧的尸体抬上棺盖，扒下龙袍和内衣、鞋袜，将周身珠宝搜索精光，并将含在慈禧口中的稀世珍宝夜明珠取走。最后将放在棺下宝床上石洞（即"金井"）里面的慈禧生前喜爱的珠宝，也尽行掏去。后来孙殿英将所盗夜明珠托戴笠送给了宋美龄。同时孙殿英的部下韩大保也率领一支队伍，直奔裕陵。在琉璃照壁下炸开进入裕陵地宫的入口，闯进金券，撬开了安放着的棺椁，将乾隆颈项上最宝贵的一串一百零八粒朝珠、一柄上嵌宝石和九条金龙的宝剑以及棺材内的珍宝搜刮一空。乾隆的尸骨也被抛在地宫内的淤泥污水中。这次盗陵使惠妃陵、裕陵、普陀峪定东陵的地下殉葬物品，几乎被洗劫一空。

清西陵

清西陵位于河北省保定市易县城西15 000米的永宁山下，北起奇峰岭，南到大雁桥，东自梁格庄，西至紫荆关、四周群峦叠嶂、树木茂密，风景甚为幽雅。南临易水河，隔水与狼牙山相望，东有2 300多年前古燕国下都遗址。永宁山耸立为屏，九龙山、九凤山拱聚王气，东西华盖山峙守门户，易水河及其支流回绕其间，确是一块不可多得的风水宝地。

这里有清世宗（雍正）的泰陵，仁宗（嘉庆）的昌陵，宣宗（道光）的慕陵，德宗（光绪）的崇陵以及世宗孝圣皇后（乾隆之母）的泰东陵，仁宗孝和皇后的昌西陵，宣宗孝静皇后的慕东陵等10余处，埋葬着4个皇帝、9个皇后、50个妃嫔和75个亲王公主，占地800平方千米。

西陵始建于雍正时期（1723–1735）。雍正当朝时选择永宁太平峪为"万年吉地"。于雍正八年（1730年）动工兴建，自此祖陵在关内分为两地。遵化市清陵称为"东陵"，易县陵区称之"西陵"。自雍正起，实行昭穆之制，一东一西，隔辈相聚，祖孙葬于一地。

泰陵是西陵建筑群中的主陵。建成最早，神道最长，建筑规模大，数量多。建筑制式与东陵完全相同。前面以石牌坊作为入口标志，与东陵不同之处，是在入口处的南、东、西三面布置有三座石牌坊，布局更为严谨。其后的大红门是陵区的主要入口，门内东侧是具服殿，正北是高大的圣德神功碑楼。跨过7孔石桥，神道两侧石像生垂首肃立，神道正中也有一座山，名叫"蜘蛛山"。东陵的石像生布置在山后，西陵的石像生布置在山前，绕过蜘蛛山不远就是龙凤门，泰陵遥遥在望。隆恩门前的广场正中，立着重檐神道碑楼，进入隆恩门后，即见重檐歇山顶的七间隆恩殿。殿后的围墙正中有三座琉璃门，其后为二柱门、石五供、方城明楼和宝城，与东陵相同。

昌陵泰陵以西1000米处是嘉庆帝的昌陵，埋葬着嘉庆和孝淑睿皇后。嘉庆帝名隅炎，是乾隆第十五子。他在位期间，全国许多地方爆发了白莲教、天理教等农民起义，清王朝从此走上了日渐衰亡的道路。1820年，嘉庆去木兰围场狩猎，死于热河行宫。

昌陵规模与泰陵不相上下。除具服殿外，其他建筑石雕一应俱全。正殿隆恩殿大柱包金饰云龙、金碧辉煌。地面用贵重的花岗石铺地，黄色的方石板上，带有紫色花纹，光滑耀眼，好像满堂宝石，别具特色。东配殿现辟有"竹、木、铜、锡制品展览室"，西配殿是"丝绸展室"。

慕陵位于泰陵西南约五千米处的龙泉峪。地宫内葬有道光帝和孝穆、孝慎、孝全三位皇后。道光帝名旻宁，是嘉庆第二子。他曾主张抵抗英国侵略者、查禁鸦片走私。但鸦片战争后，道光帝向侵略者妥协退让，签订了几个丧权辱国的不平等条约，使中国逐步沦为半封建、半殖民地社会的国家。1850年，他因肺病死于圆明园德镇堂，后葬于慕陵。慕陵在东、西陵的帝陵中规模最大，因为道光皇帝以节俭著称，所以没有大碑楼、石像生、方城、明楼等建筑，殿宇不施彩绘，地宫之上也只有石圈。倒是龙凤门前有两棵颔首弯腰的迎客松，十分惹眼。

光绪皇帝的崇陵是中国历史上最后一座封建帝陵，位于泰陵以东5千米处。崇陵是清宣统元年（1909年）营建的，1915年，光绪帝葬于此。崇陵动工修建时，清政府已近瓦解，因此规模较小，未建大碑楼、石像生等。建筑用料均以桐木、铁料为主，俗有"桐梁铁柱"之称。此陵的特点是排水系统较为完善。明楼和三座门之前，都增修一道玉带河。三座门内有18棵铁骨铮铮的罗汉松。隆恩殿现展出神牌、宝座、五供、慈禧的绘画等。东配殿因雷击被毁，西配殿现为祭品展室。

崇陵地宫为拱券式石结构建筑，由闪当券、罩门券、明堂券、穿堂券、门洞券和金券组成。四道石门以巨大的青白石做成，雕有脊、吻、瓦垄、勾滴等式样。门垛为马蹄柱形，雕有高山、云闭和景瓶。八扇石门上面，各雕菩萨一尊，刻工精细，神态威武。金券高大宽敞，是地宫的主体建筑，全部以青白玉构筑。金床上放置着光绪皇帝和隆裕皇后的棺材。

崇陵之旁有崇妃陵，葬着光绪的两个妃子——瑾妃和珍妃。1938年崇妃园寝被盗，墓内珍宝被盗掘一空。

陵区内的千余间宫殿建筑和百余座古建筑、古雕刻，气势磅礴。每座陵寝严格遵循清代皇室建陵制度，皇帝陵、皇后陵、王爷陵均采用黄色琉璃瓦盖顶，妃、公主、阿哥园寝均为绿色琉璃瓦盖顶，这些不同的建筑形制，展现出不同的景观和风格。

2000年，清西陵与清东陵一起被联合国教科文组织列入《世界文化遗产名录》。

小故事

雍正帝是康熙的第四子。雍正帝在位期间，对维护祖国领土完整、巩固国家统一都有积极的贡献。但他屡兴文字狱、残杀知识分子，遭到后人颇多恶评。1735年雍正暴死于宫中。相传，当年雍正皇帝在圆明园养病，女侠吕四娘为报父仇突然行刺，然后夺头而去。第二天园内大乱，却不敢声张，怕引起全国大乱。然而皇上无头，如何下葬？正在众人束手无策之际，有一太监献上一策：给皇上铸个金头，一方面可以掩人耳目，另一方面也取个吉利。

据说道光帝登基后不久，就在清东陵宝华峪建陵，历时7年竣工。但后来发现地宫浸水，只好把建好的陵园拆掉，重新在西陵选地营建。道光帝认为地宫浸水是因为群龙钻穴、龙口吐水所致，如果把龙都移到天花板上，就不会在地宫吐水了。因此，慕陵隆恩殿天花板上每一小方格内、梁枋、雀替等到处都是楠木雕成的张口鼓腮的龙头，不用彩绘，一如木色，楠木香溢满殿堂，犹如飞腾于波涛云海之中，极富变幻，仿佛是"万龙聚会"，龙口喷香。

光绪帝名载湉，是同治的从弟。同治早夭无子，慈禧太后为了继续听政弄权，强立年仅4岁的载湉为帝。光绪帝在位期间，帝国主义列强多次入侵，他不甘做亡国奴和傀儡，支持维新派变法图强。但以慈禧为首的封建顽固派先发制人，血腥镇压了维新运动，光绪本人也因此被囚禁。慑于慈禧太后的淫威，大臣们也未敢提及为光绪帝建陵之事。直至1908年光绪和慈禧相继去世，溥仪继位，才由光绪之弟、溥仪之生父摄政王载沣派有关人员为光绪帝在西陵界内选址建陵。经选陵人员勘测，于光绪三十四年（1908年）末选中了离泰陵东5千米处的一块平坦谷地。这里丛山环绕，背阴朝阳，方圆2500米，名曰"魏家沟"，又叫"绝龙峪"。大臣们认为前者大俗，不像是天子吉地，后者为天子之大忌，实不吉祥，于是改名为"九龙峪"。光绪为清入关后第九代天子，九龙至此，绝无后嗣，也不好。经大臣们反复商议，方定名"金龙峪"。

珍妃是光绪帝最宠爱的妃子，因为支持光绪变法遭到慈禧太后的忌恨而被打入冷宫。1900年，八国联军攻陷北京，慈禧太后劫持光绪帝逃奔西安，临行前慈禧亲自带领瑾妃和总管太监李莲英、二总管崔玉贵等将珍妃从冷宫里拉出来，令其跳井，在场之人，多有不忍之色。于是慈禧命李莲英指挥，崔玉贵执行，欲将珍妃推入院内八角井里。光绪帝心如刀绞，跪下求情，慈禧不许。珍妃喝令太监不许靠近，径自走到井边，纵身跳井而亡，年仅24岁。也有人说是崔玉贵推珍妃入井的。第二年珍妃的尸体才从井中捞出，葬在京西田村，后移葬于崇妃陵。

磁县北朝墓群

磁县北朝墓群位于河北省磁县城南，距临漳邺城10000米处有一片封土堆，当地人称"曹操七十二疑冢"，实为134座墓葬封土。关于"疑冢"，历史上早有争论，北宋王安石有诗"青山如浪人漳州，铜雀台西八里丘，蝼蚁往还空陇亩，麒麟埋没几春秋"。宋人俞应符有诗"生前欺人绝汉统，死后欺人设疑冢，人生用智死即休，焉有余道到丘陇。人言疑冢我不疑，我有一法君未知：尽发疑冢七十二，必有一冢葬君尸"。当然这是古人不进行实地考察，以讹传讹的结果。1971年，河北省博物馆等单位对墓群进行了全面勘查，证明是北朝时期王室贵族墓，共有134座，并发掘北齐故司马氏太夫人比丘尼垣墓、北齐皇族左丞相文昭王高润墓、东魏尧氏赵郡君墓。

高润墓最具有北朝大型墓葬的典型特征，墓为"甲"字形砖石墓，由斜坡墓道、甬道和墓室组成，基坦长50米，宽2.96米，墓道与甬道相接，甬道长5.62米，宽1.86米，通过甬道的三层封门墙即达墓室。墓室平面呈方形，边长6.4米，正中为砖砌棺台。墓室四壁及墓道两侧饰绘彩色壁画，北壁壁画保存最完整，宽6米，残高2.8米的壁画上绘有《举哀图》。图正中为一中年男子，头戴折巾，身着便服，坐于帐内，神态凄凉，这是墓主人即将瞑目去世的状态。两侧分立众多男女侍从，或举翅葆、华盖，或执麈尾、食盘，均垂首锁眉，神态哀戚忧伤。整个画面犹如一曲悲伤的挽歌，人物刻画惟妙惟肖。此外还有《车马出行图》《天象图》等，均表现了北齐时代的绘画风貌和独特风格。墓中还出土了陶俑300余件、各种瓷器100余件。

墓葬区内还有东魏元景植碑和北齐兰陵王碑等，均为北朝名碑。

封氏墓群

　　封氏墓群，又名"封家坟"，俗称"十八乱冢"，中国北魏至隋代门阀士族封氏家族的墓地。分布在河北省景县城东南前村和后村一带，旧称"十八乱冢"或"封家坟"。现墓群保存封土的尚有15座，最大的高约7米，墓群占地面积为13余万平方米。

　　景县封氏是南北朝时期北方的名门望族之一，极盛时期在北魏，上可追溯至后汉及魏晋，下可延续到北齐、隋和唐。据《魏书》《北齐书》《北史》《隋书》《新唐书》宰相系表和《景县志》记载，见于史传的，有官位者就达六七十人之多，其官位之高，人数之多，在当时也是少有的。

　　1948年，当地群众挖开四座古墓，取出许多随葬品，还有5份墓志和1方墓志盖，其中人物有封魔奴、封延之及妻崔氏、封之绘及其妻王氏。封氏墓群所出文物，是北魏、北齐时期珍贵的实物资料，它对研究当时的历史具有重要的参考价值。墓中出土一批较为珍贵的随葬品，其中一青瓷精品为仰覆莲花大尊，一仰一覆两朵大莲花，上贴有浮雕的飞天和飞龙，制作异常精美，造型极其宏伟，为北朝时期青瓷的代表作。

成吉思汗陵

　　成吉思汗即元太祖铁木真，他曾经是一位叱咤风云、显赫一世的蒙古族英雄，他对于我国各民族的融合和现今版图的格局划分具有重要意义。

　　蒙古族盛行"密葬"，所以真正的成吉思汗陵究竟在何处始终是个谜。现今的成吉思汗陵乃是一座衣冠冢，它经过多次迁移，直到1954年才由湟中县的塔尔寺迁回故地伊金霍洛旗，该陵北距包头市185千米，绿草如茵，一派草原特有的壮丽景色。蓝天绿草之间，三座蒙古包式的大殿肃然伫立，明黄的墙壁、朱红的门窗、辉煌夺目的金黄琉璃宝顶，使这座帝陵显得格外庄严。

　　陵园占地面积约55000多平方米，主体建筑由三座蒙古式的大殿和与之相连的廊房组成，建筑雄伟，具有浓厚的蒙古民族风格。建筑分正殿、寝宫、东殿、西殿、东廊、西廊六个部分。正殿为成吉思汗纪念堂，高26米，平面呈八角形，重檐蒙古包式穹庐顶，上覆黄色琉璃瓦，房檐为蓝色琉璃瓦；东西两殿为不等边八角形单檐蒙古包式穹庐顶，也覆盖着黄色琉璃瓦，高23米。整个陵园的造型，犹如展翅欲飞的雄鹰，富有浓厚的蒙古民族独特的艺术风格。大殿正中有5米高的成吉思汗塑像，他戎装端坐，神态威严。塑像背后的弧形背景是"四大汗国"疆

图，象征着700多年前成吉思汗统率中亚和欧洲的显赫战绩。堂后的寝宫安放着四个蒙古包式的大灵包，上面覆盖着巨大的橘黄色缎子，这就是成吉思汗和他三位夫人的灵柩，两旁还安放着成吉思汗两个胞弟的灵柩。灵柩前陈列着三个巨大的"苏勒定"。 苏勒定即为大旗上的铁矛头，成吉思汗在南征北战中，用它指挥过千军万马。传说成吉思汗死后，其灵魂便附在其上，因此在蒙古族人民的心中，苏勒定是十分神圣的。此外，还陈列着他生前使用过的三个马鞍及其他纪念品。

后殿即寝宫，安放着成吉思汗及其夫人的灵柩。

东殿安放着成吉思汗的第四子拖雷（元世祖忽必烈之父）及其夫人的灵柩。自窝阔台及其长子之后，蒙古族皇帝都是拖雷的子孙，所以其地位极为显赫。

正殿东廊的壁画再现了当时农业、桑织、冶铁、航海、贸易、天文等情况，以及元朝与边疆各少数民族间的睦邻友好关系。壁画还表现了成吉思汗的孙子忽必烈统一中国，定都北京，于公元1271年正式改国号为"元"，并追封成吉思汗为元太祖的盛况。

西殿供奉着象征九员大将的九面旗帜和"苏勒定"。

西廊的壁画主要描绘了成吉思汗出生、遇难、西征、东征、统一蒙古各部等重大事件，其中有成吉思汗登基的场面。壁画还表现了自从成吉思汗当上蒙古地区的皇帝后，部落之间的隔阂被打破了，经济联系加强了，牧民的生活安定了。成吉思汗在征服蒙古各部落的过程中，为了不断加强自己的力量，建立了军事、政治、护卫、宫务管理等制度，并制定了法律条例。他还命畏兀儿人塔塔统阿用畏兀儿字母拼写蒙古语言。从此，蒙古有了自己的通行文字。这些措施，促进了蒙古经济、文化的兴旺发展。蒙古统一并迅速强大后，成吉思汗和他的后代从公元1205年起，先后灭掉了西夏和金朝，然后又征服了中亚、西亚和亚洲西部的许多国家，一直打到欧洲的多瑙河畔。

这里最热闹、最隆重的日子，是每年农历的3月17日，这一天是成吉思汗显示军事才华、建立不朽战功的日子。这一天要举行隆重的祭奠"苏勒定"大会。

昭 君 墓

　　王昭君名嫱，西汉元帝时被选入宫中，竟宁元年（前33年）匈奴呼韩邪单于入朝求和亲，昭君自愿远嫁匈奴，后立为宁胡阏氏。

　　昭君墓，又称"青冢"，蒙古语称"特木尔乌尔琥"，意为"铁垒"，位于内蒙古呼和浩特市南呼清公路9000米处的大黑河畔，是史籍记载和民间传说中汉朝明妃王昭君的墓地。昭君墓始建于公元前西汉时期，距今已有2000余年的历史，现为内蒙古自治区的重点文物保护单位。

　　昭君墓是由汉代人工积土夯筑而成。墓体状如覆斗，高达33米，底面积约为13000平方米，是我国最大的汉墓之一。每年秋季，树叶枯黄时，昭君墓上依然草木青青，故有"青冢"之称。青冢兀立、巍峨壮观，远远望去，显出一幅黛色朦胧、浓墨重彩的迷人景色，历史上被文人誉为"青冢拥黛"，成为呼和浩特八景之一。

在中国历史上，王昭君是一位献身于中华民族友好事业的伟大女性。在民间百姓中，昭君是美的化身。数千年来，她的传说、故事在中国民间广为流传，家喻户晓。自唐、宋以来，历代文人咏唱昭君、抒发情感的诗文、歌词、绘画、戏曲更是数不胜数，形成了流传千古的"昭君文化"。

现代史学家翦伯赞说："王昭君已经不是一个人物，而是一个象征，一个民族友好的象征；昭君墓也不只是一座坟墓，而是一座民族友好的历史纪念塔。""琵琶一曲弹至今，昭君千古墓犹新。"今天的昭君墓，宛如北方草原上一颗璀璨的明珠，成为名扬世界的旅游胜地。这里不仅有历史悠久的文物古迹，还有鸟语花香的自然情趣和独具特色的人文景观，其诗情画意，令人流连忘返。

现在的昭君墓是20世纪70年代重新修筑的，墓身呈台体状，墓顶建有一座凉亭，是一座人工夯筑的大王丘，是昭君的衣冠冢。墓地东侧是历代名人为昭君墓题写的碑文，西侧是文物陈列室。登上墓顶，我们会看到连绵不断的阴山山脉横贯东西，也会欣赏到呼和浩特市的全景。

近年来，随着内蒙古对外开放的进一步加大，面貌一新的昭君墓，以其独特的人文景观和优美的旅游环境，成为享誉海内外的著名旅游景点。人们只要来到呼市，就会去参观昭君墓。王昭君墓前建有两层平台，第一层平台中央立有一座巨大石碑，第二层筑有六角凉亭。在墓的两侧，建有历史文物陈列馆，展出与昭君有关的文物。墓前立有董必武题写的《谒昭君墓》诗碑，诗碑前方有呼韩邪单于与王昭君在马上并辔而行的大型铜铸雕像。雕像高3.95米，重5吨，形态逼真，单于和昭君英姿勃发，两匹骏马相依前行。

辽陵及奉陵邑

　　辽陵及奉陵邑位于内蒙古自治区巴林左旗。

　　辽代的帝陵可以确定的有祖陵和庆陵两处。祖陵是辽太祖耶律阿保机的陵墓，位于内蒙古巴林左旗辽祖州城址西北2000米的山谷中。庆陵是辽圣宗耶律隆绪、兴宗耶律宗真、道宗耶律洪基三帝及其后妃陵的总称，位于内蒙古巴林右旗江庆州城遗址北约1万米处的大兴安岭中的王坟沟。祖陵所在的谷口山峰陡立，筑有土墙和守卫建筑。谷内林木参天，环境清静幽雅。石块垒砌的陵墓地宫的墙身遗址已暴露在地表，山坡下尚存有享殿遗址。谷口东侧的小山顶有一个石雕的大龟趺，在附近的残碑上，刻有工整秀丽的契丹大字，是研究契丹史的重要资料。

　　奉陵邑祖州城分内外两城，周长约2000米，残垣高约6米。外城的四个城门遗址尚存，东门和北门可以见到瓮城的遗迹。内城有几处高大的台基，西北角现存有一座石房子。内城的南门有直通外城南门的大街，宽40多米，两旁尚保存有明显的建筑遗迹。

　　庆陵中的三陵分别通称"东陵""中陵""西陵"。三陵东西排列，间隔约2000米。民国初年，陵墓曾被盗掘，随葬的文物多已散失。三陵都有陵门、享殿和羡道，都是东南向。墓室都有前、中、后室及四个侧室，墓内都有壁画，内容有装饰图案、人物和山水等。墓门及墓内砖砌的仿木结构上，装饰有红、绿彩，墓门上的鸱吻装饰着黄褐彩。仿木结构的细部及墓壁的上方，用工笔彩绘出龙凤、花鸟、祥云、宝珠以及网格状的图案，在已发现的辽墓彩画中，是等级最高的。在墓道、前室及东西侧室、中室和各甬道的壁面上，彩绘有与真人等高的人物70余个，其中有仪卫、乐队、侍女等形象。

人像的上方都有墨书的契丹小字榜题。壁画中有一巨幅四季山水图，分别绘出春、夏、秋、冬四季的风光，表现了辽代皇帝四时"捺钵"的习俗，极富有地方特色。

在辽庆陵南约1万米的地方，是江庆州城的遗址，是守护陵墓的奉陵邑。城垣南北长930米，东西宽1090米，建筑遗址十分明显，有的残垣高可达2.5米。遗址区内的地表散布着许多遗物，俯拾皆是，城内的西北部有辽代的释迦如来舍利砖塔。

新疆香妃墓

　　香妃墓位于新疆维吾尔自治区喀什东北郊，是伊斯兰教白山派首领阿巴和加及其家庭的墓地，始建于1640年。陵墓建筑包括墓室、礼拜寺、讲经堂等，规模宏大，维吾尔族特色浓厚。主墓室呈圆拱形，高40米，四座小型尖拱支持着中心的圆拱顶，周围以厚墙依托，四周以塔楼固定。

　　香妃是清乾隆皇帝的爱妃，她本是阿巴和加的孙女，在清宫生活了28年，于1788年病逝后被葬入清东陵，这里是她的衣冠冢。因此此墓原名虽为"阿巴和加麻扎"，但人们习惯称其为"香妃墓"。陵墓左为礼拜寺，其外殿装饰华丽，转角处的高大塔楼与大门两侧的塔楼构成了伊斯兰教的建筑特征。

香妃墓就像一座富丽堂皇的宫殿，由门楼、小礼拜寺、大礼拜寺、教经堂和主墓室五部分组成。穹隆形的圆顶上，有一座玲珑剔透的塔楼。塔楼之巅，又有一镀金新月，金光闪闪，庄严肃穆。陵墓高大宽敞的厅堂里，筑有半人高的平台，依次是香妃家族五代72人大小58座坟丘。香妃的坟丘设在平台的东北角，坟丘前用维文、汉文写着她的名字。墓丘都用蓝色玻璃砖包砌，上面再覆盖各种图案的花布，既表示对死者的尊敬，又有保护墓丘的作用。陵墓左边，建有大小两座精致的伊斯兰教礼拜寺。陵墓后面，还有一大片坟墓，景色十分壮观。

香妃墓正门门楼精美华丽，两侧有高大的砖砌圆柱和门墙，表面镶着蓝底白花琉璃砖。与门楼西墙紧连的是一座小清真寺，前有彩绘天棚覆顶的高台，后有祈祷室。陵园内西面是一座大清真寺，正北是一座穹隆顶的教经堂。主墓室在陵园东部，是整个建筑群的主体建筑，主墓屋顶呈圆形，其圆拱直径达17米，无任何梁柱，外面全部是用绿色琉璃砖贴面，并夹杂一些绘有各色图案和花纹的黄色或蓝色瓷砖，显得格外富丽堂皇、庄严肃穆。

阿斯塔那古墓群

阿斯塔那古墓群规模庞大，被称作"地下历史博物馆"位于新疆吐鲁番市东南约4万米。

从20世纪50年代至今，考古学家先后对这里进行过14次考古发掘，共发现墓葬456座，出土各种珍贵文物达1万余件。

阿斯塔那古墓群是当年高昌故城居民寻求死后安乐的幽静之地，在方圆1万多米的戈壁沙丘之中，堆积着密密麻麻的古冢。这里既有达官贵族、威武将军，也有平民百姓、下层兵士。因而又被当今学者称为"高昌的历史活档案，是吐鲁番地区的地下博物馆"。阿斯塔那古墓群于1988年被国务院列为全国重点文物保护单位。

阿斯塔那古墓群的墓葬形制是以一个家族的习俗来营造自己的墓地。在墓区处处可见一个个井然有序、界限分明的莹院。墓区内是一个父系大家族的墓园，按照祖、父、子、孙辈分的大小，依次进行排列，非常正规。墓葬皆为土洞墓，墓室中大多是居住在当地的汉族人，少数为兄弟民族，此处以姓氏为家族的墓葬结构，与河西走廊以至中原墓葬有许多相似之处。

阿巴和加麻札

　　阿巴和加麻札为清代喀什地区伊斯兰教白山派首领阿巴和加及其家族的墓地。麻札，意为"陵墓"，该陵墓位于在新疆喀什市东北郊。

　　阿巴和加（1626–1695）曾登上叶尔羌汗国王位，是当地知名的政教领袖。其陵墓始建于1640年，原是为其父和加玉素甫修建的墓地，阿巴和加死后也葬于此，先后共有家族成员5代72人葬于此，经多次改建和扩建，逐渐形成现在的规模。麻札由墓祠、礼拜寺和讲经堂等构成，具有浓郁的伊斯兰教色彩和维吾尔族建筑风格。1956、1972和1982年经文物部门3次维修加固。1988年，中华人民共和国国务院公布为其全国重点文物保护单位。

　　墓祠在陵园最东部，面宽35米，进深29米，径高26米。中部为土坯砌成的大穹隆顶，直径长17米，顶上置亭状建筑。四周为厚墙，四角建有半嵌在墙体中的圆柱形塔楼，直径约为3.5米，内设楼梯。圆拱表面铺设绿色玻璃砖，塔楼、墙面以黄、绿色玻璃方砖与白色墙面组合砌成。门上绘有精美图案，两侧墙壁装饰有米黄色的石膏花饰，雕刻精细。整个建筑造型稳重简练。墓祠内全部粉刷成白色，气氛庄严、静穆。

　　麻札西侧分布有大礼拜寺、小礼拜寺、讲经堂等建筑。西端为大礼拜寺，是节日期间前来朝觐的教徒们进行礼拜的地方。外殿为敞廊式，正面15间。廊檐由70多根雕镂着不同图案的木柱支撑，显得宽敞壮观。后部则由19个低矮的圆拱组合而成，显得幽暗神秘。小礼拜寺在大礼拜寺与陵墓之间，供宗族成员平日礼拜。前殿为面阔四间、进深三间的平顶式敞廊。后殿为覆盖绿琉璃砖的穹隆顶，直径为11.6米，高16米。

司马光墓

　　司马光，字君实，山西夏县人，为宋代宰相，是我国历史上著名的政治家和史学家，著有在中国史学史上占有重要地位的伟大著作《资治通鉴》，死后赠封为温国公。司马光也是家喻户晓的人物。民间传说的"小儿击瓮"的故事，说的就是他。传说司马光小时候曾和一群小朋友在庭院中玩耍，突然，一个孩子失足掉进水瓮中，其他的孩子被吓得连忙逃走，而司马光却用石头把瓮击破，水流出来，孩子得救了，可见其聪明才智。

　　司马光墓位于山西省夏县城北15千米处的鸣条冈，坟墓占地近3万平方米，属全国重点文物保护单位。司马光墓地分为茔地、碑楼、碑亭、余庆禅寺等几个部分。茔地位于右翼，禅院列于左翼，碑楼在最前方。碑楼高大、壮观，上刻有"司马温国公神道碑"字样。碑身厚硕高大，碑文介绍了司马光一生的成就。碑额"忠靖粹德"由宋王哲宗亲笔；碑文为苏东坡书，是司马光墓的重要标志，对外影响深远。

　　司马光墓背依鸣条岗，前临故都安邑，周边平旷疏阔，阡陌交错。北望稷峰，高峻挺拔，南眺中条，瑶台献瑞。茔地现存司马光及父兄亲属墓冢封土堆13座，呈有序排列。茔地东侧有温公祠堂，主殿共五楹。殿内原有司马光及先祖四代塑像，现已无存。

　　元祐三年（1088年），宋哲宗为了表彰司马光的大节元勋，敕令翰林学士苏轼撰写神道碑文，并御书"忠清粹德之碑"六字碑额。碑文详细记述了司马光的家世与生平。绍圣初年，御史周秩首论"温公诬谤先帝，尽废其法，当以罪及"，宋哲宗令将原碑推倒。金

皇统年间，夏县县令王廷直重新镌刻原碑文嵌于壁间，僧人圆珍出钱财建神道碑堂加以保护。遂名杏花碑，可惜现已剥蚀难辨。明嘉靖三年（1524年），御史朱实昌复镌苏文于碑上，立于旧龟趺，冠以旧额。现矗立在司马光墓前的《忠清粹德之碑》高大绝伦，堪称三晋第一碑。另茔地还保存有宋至民国碑记三十余篇。

广武汉墓群

　　广武汉墓群为中国汉代墓群，位于山西省山阴县新旧广武村迤北的开阔地上。明、清两代曾扼隘口建城，即现在的新、旧广武城，墓群因此得名。秦至汉初，此地属雁门郡楼烦县。东汉时期，雁门郡移至今汉墓群北1000米处的阴馆古城处。由于这里是汉朝与匈奴长期争战的地方，数百年间遗留下庞大的汉墓群。1950年，文化部文物局雁北文物勘查团来此地调查，始以"广武"命名。1988年中华人民共和国国务院公布其为全国重点文物保护单位，并在汉墓群南端修建了广武汉墓群保管所。

　　广武汉墓群共有288座。整个墓群南依群山，北连朔州平川，从南向北俯瞰，由高到低，大小不一的封土堆星罗棋布。封土最高的有10余米，最低的也有3米多。其规模之大、数量之多位于全国之首。广武墓群虽然还未发掘，但从墓群西北端被水冲塌的四座墓室看，其为砖室墓，出土的文物有陶壶、陶罐、陶钵、陶瓮及五铢钱等，从墓的形状和出土文物考证：当为东汉时期。

　　广武汉墓群一带地势开阔，墓地的中间地带因为水流冲刷，形成了一条自南向北的长沟，汉墓群主要分布在沟的两侧。沟东现存的墓葬有44座，沟西有16座，旧广武城东

有9座，共计69座。墓的直径和高度均在10米以上，大的可达20米左右。广武地带山势险峻，雄踞雁门关前，古代历来为屯兵扼守、兵家必争之地，汉王朝在此设县置郡，抵御匈奴贵族南下，其作用是不言而喻的。所以，广武汉墓群是汉代雁门郡治和阴馆县官吏与富豪人家的集中墓地。它是研究我国汉代政治、军事、经济和文化的重要实物依据。

根据文献记载，南北朝以前，塞北地区曾经是南北争夺的重要地带，汉代曾在这里设郡屯兵，是一处军事重地，在这一地区发现了多处汉墓群，都是战乱时期死亡将士的墓葬，广武汉墓群是其中较大的一处墓群。

西夏王陵

　　西夏王陵就是西夏王朝历代皇帝的陵寝，虽然已遭到毁灭性的破坏，然外形虽毁，骨架尚存，宏伟的规模，严谨的布局，残留的丘陵，仍可显示出西夏王朝特有的时代气息和风貌。

　　西夏王陵位于宁夏银川市以西约25000米的贺兰山东麓，西夏王陵包括西夏王朝的皇陵及其陪葬墓，总面积约为40平方千米。陵区内分布有9座帝王陵，包括裕陵、嘉陵、泰陵、安陵、献陵、显陵、寿陵、庄陵、康陵和70余座王公、大臣的陪葬墓。西夏王陵仿照宋朝帝陵格局修建，王陵呈纵长方形，每座均为独立完整的建筑群体，由鹊台、神墙、碑亭、角楼、月城、内城、献殿、陵台等部分组成，特别是黄土筑成的八角塔形陵台，高达20余米，被誉为"中国金字塔"。王陵均为塔式，是汉族佛教文化与党项族文化相结合的产物。地

宫的形式也与唐、宋帝陵基本相同，由墓道、中室和左、右耳室组成，深达24米多。陪葬墓的墓主是西夏王朝的各级重要官员，按照墓主生前的地位，墓的建筑形式和规模也有所不同，反映出西夏王朝森严的封建等级制度。最大的两陵为太祖李继迁和太宗李德明的嘉陵和裕陵。

西夏陵区东西长约5000米，南北宽约1万米，在50余平方千米的范围内随着岗丘垄阜的自然起落，一座座黄色的陵台，高大得像一座座小山丘，在贺兰山下连绵展开，在阳光的照射下，金光灿烂，十分壮观。

西夏王陵区的规模同北京明代十三陵的规模相当，陵园的地面建筑有角楼、门阙、碑亭、外城、内城、献殿、塔状陵台等，平面总体布局呈纵向长方形，按照中国传统的以南北中线为轴，力求左右对称的格式排列。西夏王陵构成了我国陵园建筑中别具一格的西夏建筑形式。

西夏王陵不仅吸收了秦、汉以来，特别是唐、宋皇陵之所长，同时又受到佛教建筑的影响，使汉族文化、佛教文化与党项民族文化有机地结合在一起，构成了我国陵园建筑中别具一格的形式。西夏陵规模宏伟，布局严整，每座帝陵均是一个完整的建筑群体，由阙台、神墙、碑亭、角楼、月城、内城、献殿、灵台等部分组成。高大的阙台犹如威严的门卫，耸立于陵园最南端。

碑亭位于其后，这里曾停放着用西夏文、汉文刻制的歌颂帝王功绩的石碑。碑亭后是月城，南墙居中为门阙，经门阙入月城，这里曾置放有文官、武将的石刻雕像。月城之北是陵城，陵城南神墙居中有门阙，经门阙入陵城，陵台偏处陵城西北，为塔式建筑，八角形，上下各分为五级、七级、九级不等，外部用砖包砌并附有出檐，为砖木瓦结构。陵台是陵园中的主体建筑。在中国古代传统陵园建筑中，陵台一般为土冢，起封土作用，在墓室之上。但西夏陵台建在墓室北10米处，没有封土的作用，其形状呈八边七级、五级、九级塔式陵台，底层略高，往上层层收缩。这座塔式陵台，为夯土实心砖木混合密檐式结构，且偏离中轴线矗立，这在中国建筑史上没有前例，为党项族的首创。塔式陵台前有献殿，用于供奉献物及祭奠。陵台至献殿有一条鱼脊梁封土，封土下为墓道。帝陵墓室在墓道北端，位居陵台南10米处，为三室（主室，左右耳室各一）土洞式结构，墓室四壁立护墙板，墓内有朽败的棺木，为土葬。陵城神墙四面居中有门阙，神墙四角有角台，表明了陵园的兆域地界。有的帝陵还圈有外城，有封闭式、马蹄形式和附有瓮城的外城。基本格局在仿宋陵的基础上有所创新。

孔　林

孔林位于曲阜城北，是孔子及其家族的专用墓地，也是目前世界上存世时间最长、面积最大的氏族墓地。孔子卒于鲁哀公十六年（前479年），葬于鲁城北泗上。其后代从冢而葬，形成今天的孔林。从子贡为孔子庐墓植树起，孔林内的古树已达万余株。自汉代以后，历代统治者先后对孔林重修、修缮过13次，使其逐渐形成现在规模。孔林占地200万平方米，周围林墙长7.5千米，高3米余，厚1米。郭沫若曾说："这是一座很好的自然博物馆，也是孔氏家族的一部编年史。"

孔林不仅记载着孔子、孔子弟子及其后人，还记载着孔世文化，千百年来，一直招引着全国乃至世界各地的人们前来瞻仰、膜拜。孔林的古建筑景点主要有：神道、林门、洙水桥、享殿、孔子墓、子贡庐墓、孔鲤墓、于氏坊等。孔林对于研究中国历代政治、经济、文化的发展以及丧葬风俗的演变也有着不可替代的作用。

北出曲阜城门，就会看见两行苍翠的柏树，如龙如凤，夹道而立，这就是孔林神道。道中巍然屹立着一座万古长春坊。这是一座六楹精雕的石坊，其支撑的6根石柱上，两面蹲踞着12只神态各异的石狮子。坊中的"万古长春"四字，为明万历二十二年（1594年）初建时所刻，清雍正年间却又在坊上刻了"清雍正十年七月奉重修"的字样。石坊上雕有盘龙、舞凤、麒麟、骏马、斑鹿、团花、祥云等，中雕二龙戏珠，旁用丹凤朝阳纹为配饰，整个石坊气势宏伟，造型精美。坊东西两侧各有绿瓦方亭一座，亭内各立一块大石碑。东为明万历二十二年官僚郑汝璧及连标等所立，上刻"大成至圣先师孔子神道"十个大字；西为次年二人立的"阙里重修林庙碑"。两碑都比较高大，碑头有精雕的花纹，碑下有形态生动的龟趺。

神道的尽头是孔林大门，俗称"大林门"。门前有一座木制牌坊，此坊初建于明永乐二十二年（1424年），清代重修，正中有"至圣林"三个金字。坊后紧接绿瓦朱栏的三间门楼，两旁朱栏内立八九座修林、祭孔的石碑。进入孔林大门，有一条长达360米的通道，两旁围以红墙，墙内排列着苍翠的柏树，迎面可以看到一座深邃的拱门。拱门上有高大的观楼。拱门上方有石刻篆书"至圣林"三字，为雍正十年（1732年）七月敕修。门前东西花墙内有一对造型生动的石狮，两扇朱红色的大门上，各有横9竖9共81个圆花形铁门钉，后有砖梯，可上观楼。由孔林大门到至圣林门这一段，是孔林前突出的部分，类似古代城市建筑的月城。进得林门，有一条长约5000米的环林路向左右两侧延伸开去。

由至圣林门向西行约200米，路北有一座雕刻云龙、辟邪的石坊。坊的两面各刻有"洙水桥"三字，北面署名"嘉靖二年衍圣公孔闻韶立"，南面署有"雍正十年年号"。坊北有一券隆起颇高的拱桥架于洙水之上。

洙水本是古代的一条河流，与泗水合流，至曲阜北又分为二水。春秋时孔子于洙泗之间讲学，后人将洙泗作为儒家的代称，为纪念孔子，后人将鲁国的护城河指为洙水，并修建了精致的坊和桥。桥的南北各有历代修缮洙水桥的碑记。洙水桥上有青石雕栏，桥北东侧有一座方正的四合院，称为"思堂"，堂阔三间，东西三间厢房，为当年祭孔时祭者更衣之所。室内墙上镶嵌着大量后世文人赞颂孔林的石碑，如"凤凰有时集嘉树，凡鸟不敢巢深林"，"荆棘不生茔域地，鸟巢长避楷林风"等。此院东邻的另一小院，门额上刻有"神庖"二字，是当年祭孔时宰杀牲畜的地方。

洙水桥北，先是一座绿瓦三楹的高台大门——挡墓门，后面就到了供奉孔子的享殿。去往享殿的通道旁，有四对石雕，分别名为华表、文豹、角段、翁仲。华表是墓前的石柱，又称"望柱"；文豹，外形像豹，腋下喷火，温顺善良，用以守墓；角端，也是人们想象的一种怪兽，传说能日行一万八千里，并通四方语言，明外方幽远之事；翁仲，为石人像，传说为秦代骁将，威震边塞，后来为了对称，又雕文、武两像，均称"翁仲"，用以守墓。两对石兽均为宋宣和年间所刻，翁仲是清雍正年间刻制的，文者执笏，武者按剑。通道正

面是享殿，殿广五间，黄瓦歇山顶，前后廊式木架，檐下用重昂五踩斗拱。殿内现存清帝弘历手书"孔林酒碑"，中有"教泽垂千古"等诗句。解放战争时，朱德总司令曾在此殿内召开过军事会议。

享殿之后是孔林的中心——孔子墓。此墓像一隆起的马背，被称为"马封"。墓周围环以红色墙垣，周长500米左右。墓前有巨大的篆刻"大成至圣文宣王墓"，是明正统八年（1443年）黄养正所书。墓前的石台，初为汉修，唐时改用从泰山运来的封禅石砌筑，清乾隆时又予以扩大。孔子墓东为其子孔鲤墓，南为其孙墓，这种墓葬布局名为"携子抱孙"。

孔子死后，众弟子守墓3年，相继离去，只有子贡又在墓旁守护了3年。后人为纪念此事，在子贡守墓处修建了三间西屋，立碑题"子贡庐墓处"。庐墓位于孔子墓西侧。

孔鲤虽先孔子而死，并无特殊建树，但因他是孔子的儿子，故被宋徽宗封为泗水侯，孔氏子孙尊其为二世祖。孔鲤墓前的一双石翁仲与享殿前相似，是北宋宣和年间的遗物，原在享殿前，清雍正年间新刻的一对大翁仲占据了它们的位置，逐渐被移到了孔鲤的墓前。

于氏坊，为清朝皇帝乾隆之女所立的纪念牌坊。据传乾隆皇帝女儿的脸上有黑痣，算命先生说："主一生有灾，须嫁有福之人，才可免去灾祸。"朝中议论，只有圣人后代最妥，由于满汉不准通婚，乾隆让女儿拜协办大学士兼户部尚书于敏中为义父，改姓于后下嫁孔家。此坊为纪念于氏而立。

小故事

子贡是孔子的得意门生，孔子死后，他从江南千里奔丧，丧事完毕，又为孔子守墓6年。这期间，他将南方稀有珍木楷树移植于其师墓旁，寄托他对老师深切的思念之情。楷树木质坚韧，树干挺直，象征孔子为人师表、天下楷模。清康熙年间，子贡手植楷树遭雷电焚烧而死，康熙帝得知后，诏令重植一株楷树，并立碑刻石纪念。碑石竖刻"子贡手植楷"碑文及手植楷树树枝干枯的图像，立于当年子贡挥泪植树的原址。据说每年农历八月二十七孔子诞辰前后，这块石碑的表面总是湿漉漉地挂满了一串串水珠，特别是碑文上的水珠要多于别处，而"子贡"二字处又最多。更奇妙的是水珠白天黑夜无休止，擦掉后马上又会重新冒出来，屡拭屡出。当地人说那是子贡祭祀老师流下的眼泪，因此，习惯称此碑为"含泪碑"。

康熙帝驾临曲阜祭孔时，孔尚任被推荐给皇上讲经，讲解《大学》，其族兄孔尚立讲《易经》。孔尚任和孔尚立讲堂演习经筵仪式时，孔尚任抬头看到堂中悬挂着杜甫诗句"两个黄鹂鸣翠柳，一行白鹭上青天"，心中大喜，悄悄拉了拉孔尚立的衣袖说："我们将要入朝做官了。"果然，孔尚任、孔尚立讲经深得皇帝赏识。13天后，孔尚任和孔尚立接到任命诏书，两人均被破格提拔，任命为正六品国子监博士。那时，正六品官员的朝服胸前有白鹭的图案，孔尚任想起当年的预言，便以为这是异数，为此专门写了一本《出山异数记》。

另传，乾隆拜孔子墓时，走到翁仲石像前，问随从的一位翰林院大学士："这石人叫什么名字？"翰林一时疏忽，答曰："仲翁。"乾隆微微一笑，随口吟诗一首："翁仲缘何说仲翁，只因窗下欠夫工，有亏朝里为翰林，贬出江南作判通。"可怜这位翰苑名流因一字之差，便被贬作佐杂闲曹之职了。

田齐王陵

临淄，周朝时为齐国都城，汉时则为齐王首府，长达千余年，其间齐国的王侯、大臣、贵族死后大都葬于此地，形成庞大的墓群。但因历经沧桑，大多墓形已失原貌，现存150余座，其主要代表有二王冢、四王冢，称为"田齐王陵"。

田齐王陵位于山东省淄博市临淄区齐陵镇的东北和南面。南有稷山，北临淄水、西靠牛山、东枕鼎足山。陵墓山水相映，铁路、公路穿过陵区，铁桥双架，路桥双飞，更增加了田齐王陵的雄姿。1988年1月13日，国务院公布田齐王陵为全国重点文物保护单位。

二王冢，俗称"二王坟"，又称"齐王冢"，民间有"齐王埋在三山口，临淄永世不为京"的传说。二墓东西并列，东西总长320米，南北宽约190米，高30余米，方基圆顶，犹如山上之山，气势雄伟。

二王冢，《史记》文献记载为齐桓公姜小白与晶公杵臼之墓。1984年，山东省考古研究所根据二王冢和四王冢的规模、形制和所处的地理位置，并联系田氏王族世系和古代帝王葬制，进行了稽考，确认二王冢为田齐侯剡与田桓公午之墓。

四王冢又名"四豪冢"，俗称"四辈坟""四女坟"。此乃田齐威、泯、襄四代君主之墓。位于町足山西南，牛山之东侧，东西直列，状若山丘。俨然四峰并峙，气势雄伟，十分壮观，素有"东方金字塔"之称。

苏禄王墓

苏禄国东王墓坐落在山东省德州市城北约1千米处的北营村，是中菲友好的历史见证。古苏禄王国在今加里曼丹岛和菲律宾群岛之间的苏禄群岛上。明永乐十五年（1417年），苏禄国东王巴都葛·巴哈剌与西王、峒王率340人的大型使团访问中国，在北京受到明朝政府的盛情接待。归途中东王病逝于山东德州，遂就地埋葬。明成祖为他举行隆重葬礼，谥"恭定"，遣官致祭并亲撰碑文，勒石以志。

以后东王长子回国继承王位，东王妃葛木宁和王次子温哈剌、三子安都鲁及侍从长留中国守墓，他们均受明朝俸禄，赐拨祭田，并派专人守庙护陵，祭扫陵园。明永乐二十一年（1423年）东妃归国，偏妃及温、安二子继续守墓，他们逝世后均附葬于王墓东侧。清雍正九年（1731年）应苏禄王国的要求，守墓人员子孙均入籍德州，现此地温、安二姓即是苏禄东王后裔。

今陵园内松柏成林，郁郁葱葱，园正中有墓冢，前立一墓碑，上书"苏禄国恭定王墓"七字。甬道两侧翁仲、石兽排列有序，碑碣林立，环境清幽肃穆。明、清以来，南来北往的游客多到此凭吊，明末顾炎武谒墓诗云"世有国人供洒扫，每勤词客驻轮蹄"，清人程先贞

有"万里游魂滞此方，丰碑犹自焕奎章"之句，表达了中国人民对菲律宾友好使者的悼念之情。

北宋陵

北宋陵为中国北宋皇陵，位于河南省巩义市嵩山北麓与洛河间的丘陵和平地上。总面积约为30平方千米。北宋9个皇帝，除徽、钦二帝被金所虏囚死漠北外，7个皇帝以及被追尊为宣祖的赵弘殷（赵匡胤之父）均葬于此，世称"七帝八陵"。

按照埋葬时间的先后，八陵的顺序依次是：宋宣祖的永安陵、宋太祖的永昌陵、宋太宗的永熙陵、宋真宗的永定陵、宋仁宗的永昭陵、宋英宗的永厚陵、宋神宗的永裕陵和宋哲宗的永泰陵。加上后妃、宗室、亲王、王子、王孙以及高怀德、赵普、曹彬、蔡齐、寇准、包拯、狄青、杨六郎等功臣名勋共有陵墓近1000座，前后历时达160余年之久。

巩义市宋陵可以分为4个陵区。西村陵区位于西村乡北的常封村和滹沱村之间，包括宣祖赵弘殷的永安陵、太祖赵匡胤的永昌陵、太宗赵光义的永熙陵；蔡庄陵区位于蔡庄北，有真宗赵恒的永定陵；孝义陵区位于县城西南侧，包括仁宗赵祯的永昭陵、英宗赵曙的永厚陵；八陵陵区位于八陵村南，包括神宗赵顼的永裕陵、哲宗赵煦的永泰陵。

八陵布局基本一致，陵墓区域包括帝陵、下宫以及后陵和其他墓葬。帝陵坐北向南，由南向北为鹊台、乳台、神道列石；神道北即上宫；上宫四周夯筑方形神墙，周长近千米，四

面正中辟有神门，神墙四隅筑有阙台（角阙）；上宫正中为底边周长为200余米的覆斗形陵台，台下为地宫。后陵在帝陵西北，布局和建筑与帝陵相似，只是形制较小，石刻较少。下宫为日常奉飨的地方，在上宫的北面或西北角，地面建筑已荡然无存。

陵区内的石刻很多，总数约在千件以上。宋陵石刻摆脱了传统的神秘色彩，着重反映了当时的世俗生活风貌，具有形神兼备的高超艺术造诣。

汉献帝陵

汉献帝是东汉最后一位皇帝，名刘协，在位31年。曹丕篡位之后，将献帝封为古山阳城的山阳公。魏青龙二年（234年），献帝崩，葬于城东北方向。

汉献帝陵位于河南省修武县方庄镇古汉村南。此陵选地极佳，北倚太行南头，背山向阳，一马平川，可远望黄河，东西两面视野开阔。

献陵起土坟，圆而略带方角，估计当年和茂陵的形状相类似，但是没有那样大的规模。献陵中轴通达南北，献陵之南北各有小土坟。在陵园内没有其他遗迹，没有古树，四周也没有土墙，更没有任何房屋的遗迹。

献陵本身照常起土坟。坟土虽然塌落，其高度却仍有7米左右，平面直径为6米。献陵距离通往云台山风景区的主要干道仅几千米，是豫北地区唯一一座保存完好的帝王陵，也是山阳故城的重要组成部分，距今已有1700多年的历史，对研究帝王陵寝制度具有重要意义。

献陵是豫北地区唯一一座保存完好的帝王陵寝。

打虎亭汉墓

　　打虎亭汉墓位于河南省新密市打虎亭村。穿过仿汉阙式大门，沿路南行约70米，但见路的右侧有一个高大的土冢，犹如土山，东西两墓并列，相距约30米，这就是打虎亭汉墓。该墓为东汉宏农太守张伯雄及其亲属的陵墓，距今已有1 800余年的历史。东、西两墓并列，墓内画像、石刻丰富，雕刻风格独特。西为画像石墓，东为壁画墓。西墓庞大，用砖石筑成，分七室，总长25.16米，宽17.8米，中室高4.88米。墓底铺煤，厚0.5米。两座墓都有长而宽的斜墓道。两墓相距约30米，墓室的建筑形式和结构基本相同，都是用巨大的石块和大青砖砌筑而成，规模宏大。墓内分别雕有300多平方米的石刻图像并绘制了200多平方米的彩色壁画，堪称中华汉代雕刻绘画艺术的博物馆。石墓内的画像以"减底阴刻"技法雕刻线条流畅、飘逸，很具有现代线描神韵，布局合理，富于层次。

　　东墓的壁画及雕刻展现了东汉时期人们生活中，衣、食、住、行的各个方面，犹如一幅活生生的东汉风情画卷。其中的《制作豆腐工艺图》表现了东汉时期人们制作豆腐的全部过程，在国内绝无仅有，是目前发现的世界上最早的有关豆腐的记载。壁画墓通长19.8米、宽18.4米、高15.2米。墓内大量以朱砂、朱膘、石绿、石黄、黑墨等矿物质颜料绘制的彩色壁画，距今已有1800多年，但仍色彩艳丽，鲜亮如初。其中的《宴饮百戏图》是壁画中的精品，长7.3米、高0.7米，熟练地运用了平涂着色的技法，在中国美术史上占据极高的艺术地位，现已成为中原旅游区的重要参观点之一。它为研究东汉政治、经济、文化、历史提供了宝贵的资料。

　　打虎亭汉墓于1963年6月被公布为河南省重点文物保护单位，1988年1月被公布为全国重点文物保护单位。

白居易墓

　　白居易墓，又称"白园"，因唐代大诗人白居易安葬于此而得名。白居易墓位于河南省龙门石窟东山，和龙门石窟一起，被列为全国重点文物保护单位。白居易是唐代伟大诗人，年老时曾居住在洛阳的香山，号"香山居士"，终年75岁。香山伊水中的龙门滩原来水浅路窄，里面有石头，船行其中易触石倾覆，相传白居易曾捐钱募款，与群众一起将水路凿通。白居易死后葬在香山，坟形似琵琶，这显然是后人为纪念诗人的名诗《琵琶行》而修建的。

　　白园包括龙门桥东头整个琵琶峰，占地29333余平方米，分为青谷、墓体、诗廊三区，是根据诗人的性格、唐代风采和与自然相融的原则设计建造的纪念性园林建筑。迎门为青谷区，丛竹夹道，悬瀑飞洒，荷池送爽，乐天堂、听伊亭、松风亭等仿唐建筑引人入胜。乐天堂内有白居易塑像。园中间为墓体区，有墓冢、自然石卧碑、乌头门、登道、碑楼。整个墓区翠柏葱郁，奇花飘香。诗廊区在墓北山腰，陈列有当代书画家书写描绘的白诗碑刻和诗意瓷砖壁画。

　　伊河由南向北穿山而过，一桥飞架东西，宛若一道彩虹。依山势

建有松风亭、白亭、翠樾亭、道时书屋、乐天堂等富有唐代风格的亭阁，古风遗韵，游人至此，雅兴顿生。从龙门桥过伊河，左侧便是白园的大门。进门直行，但见峰回路转，林木森森，山泉叮咚，池水清碧，幽雅之极。漫步石阶而上，山腰有亭，名曰"听伊"，此亭系白居易晚年与其好友元稹、刘禹锡等对弈、饮酒、品茗、论诗之处。

诗人白居易曾以居士情结与如满和尚等人结为"香山九老"唱酬于香山寺的堂上林下、晨烟夕蔼。会昌六年（849年），白居易终老于河南履道。如今，白园已成为各界来宾凭吊这一历史文化名人的最佳场所。由听伊亭而上，在危岩翠柏中有一古朴典雅的阁庐，题额"乐天堂"，堂内有汉白玉雕成的白居易塑像，素衣鸠杖，栩栩如生，有飘然欲仙之态。

出乐天堂朝右步石阶而上，即琵琶峰顶。在翠柏丛中，有砖砌矮墙围成的圆形墓丘，即唐代大诗人白居易的长眠之地。圆形墓顶之上，芳草萋萋。墓前立有三块高大的石碑，其中一块上刻有"唐少傅白公墓"六个字。登高望墓，形似琵琶，白墓所在之丘为"琴箱"，其东南是长长的芳草墓道，四周围以齐整的冬青，翠绿色的草地中央，三根"琴弦"清晰可见，此即为琵琶的"曲颈"。诗人精通韵律，又写有千古传颂的《琵琶行》。此山、此墓、此龙门之地，是他长眠的最佳之处了。

由墓道向左，下至峰腰平缓处，即是古雅的九曲回廊，廊壁多嵌有现代文人墨客吟咏的诗作以及白居易《琵琶行》。在墓的右侧，有巨石卧碑。刻有《醉吟先生传》，碑重24吨，是目前国内最大的石书。

白园，山峦怀抱，柏青竹翠，临峰而立，清风送爽，可远眺龙门石窟，旁观香山古寺，是消夏旅游的好去处。

张 衡 墓

  张衡墓位于河南省南阳市卧龙区石桥镇小石桥村西，因张衡晚年曾担任尚书，故又俗称"尚书坟"。张衡墓为全国重点文物保护单位。该处面山依水，景色秀丽。距墓北一箭之地，便是平子读书台，相传是张衡幼年发奋读书、钻研学问的地方。墓东紧临宛、洛古道，与宛北名刹——鄂城寺隔路相望。墓西是一片沃野平畴，新修的公路贯通南北。宛如锦带似的洱水自墓前绕流东行，两岸重柳舞姿婆娑。如果说其他景观是一串珍珠项链的话，那么张衡墓园就是一颗晶莹无比的宝石。千百年来，络绎不绝的人们都来此拜谒瞻仰，寻古探胜，抒发自己思古览物的情怀。"初唐

四杰"之一的骆宾王在拜谒张衡墓后，写下了《过张平子墓》诗："西鄂该通理，南阳擅德音。玉卮浮藻丽，铜浑积思深。"情真意切的诗句，表达了诗人对张衡才华横溢、丰功伟绩的景仰之情。张衡墓原建造宏伟，祠庙巍峨壮观，然岁月沧桑，历经千余年，再加上风雨剥蚀、战乱破坏，景况日渐倾颓。新中国成立后，党和国家重修了张衡墓园。近年经增建、扩建，规模逐渐宏大。

  进入建成后的墓园大门，首先映入人们眼帘的是一对高大雄伟的汉阙，汉阙为砖石结构，上覆重檐屋顶，阙身上

部饰有斗拱和凤鸟，顶部檐下，两个顽童手抓屋檐在嬉戏游荡，生动形象。汉阙过东西两侧各有面阔7间的展厅，陈列着张衡发明创造的器物及介绍张衡一生伟大功勋的文图展板。展厅顶部各建一座望楼，东西对称，颇为壮观。沿着路向北走，是一座十字形曲桥，东西通向牌楼和廊房。沿中轴线继续前行，两侧石像排列有序。穿过正中的祭台，拾级而上，便是一片平地，站在这里，放眼远眺，蒲峰远峙，洱河如带，古塔巍然耸立，村庄田舍相间，近处楼亭各抱其势，奇树异草争荣斗妍，宛如一幅优美的彩墨长卷，让人心旷神怡，流连忘

返。穿过石亭堂，便是一尊通高5米的张衡半身花岗岩石像，雕像仰首凝视、神态庄重、栩栩如生，基座四周的大理石覆面上，镌刻碑文和浑天仪、地动仪的浮雕。雕像背后为一碑墙，呈深灰色，上面镌刻着张衡歌颂家乡的《南都赋》全文。绕过碑墙便是高大的墓冢，该墓高8米、周长79米，墓冢四周松柏簇拥，并辟有环形甬道，供游人瞻仰游览。墓前竖有郭沫若先生的词碑，墓冢环砌青砖八棱形花墙，墓冢大门两侧，竖有明嘉靖与清光绪年间的碑刻，并加盖了碑楼。碑楼东侧竖有全国重点文物保护单位标志碑，西侧竖有严济慈先生题词碑等。

河南太昊陵

　　太昊陵即伏羲氏的陵庙，包括太昊伏羲氏陵和为祭祀他而修建的陵庙，位于河南省淮阳县城北1.5千米处，为国家级重点文物保护单位，是我国著名三陵——太昊陵、黄帝陵、大禹陵之一，中国18大名陵之一。太昊陵有内外两城，建筑颇多，寝殿后的伏羲陵高20余米，陵前巨碑上镌"太昊伏羲之墓"之字。太昊伏羲氏是我国远古神话传说中一位圣明的帝王，他"为百王先"，居三皇之一，列五帝之首。传说伏羲氏在位114年，死后葬于陈，后人为追念他的功德，尊他为中华民族的先祖，每年农历二月初二至三月初三，这里都举办"朝祖进香"庙会。因太昊陵是中华民族"人文始祖"的陵庙，故有"天下第一陵"之称。

太昊陵原占地面积875亩，是一座气势磅礴、规模雄大、殿图豪华的古代宫殿式建筑群。其以伏羲先天八卦之数理兴建，是中国帝王陵庙中大规模宫殿式古建筑群的孤例。现全庙南北长750米，分外城、内城、紫禁城三道"皇城"。全陵有三殿、两楼、两廊、两坊、一台、一坛、一亭、一祠、一堂、一园、七观、十六门。几十座建筑主要贯穿在南北垂直的中轴线上，如果把南北大门层层打开，可从南面第一道门直望紫禁城中太昊伏羲氏的巨大陵墓，号称"十门相照"。

太昊陵历来被称为"天下第一皇朝祖圣地"。

河南医圣祠墓

医圣祠坐北朝南，占地约11333平方米，其始建年代不详，后经明、清多次扩建。医圣祠正院有山门、中殿、两庑，偏院有医圣井、医圣桥、素问亭等。

大门正上方镶嵌郭沫若题写的"医圣祠"三个大字，笔法苍劲，雄浑有力。步入大门，迎面是巨幅大理石照壁，长宽各3.5米，为当代碑林之最。照壁上刻有医圣张仲景传，向世人介绍这位万世医宗的生平事迹。进入祠内，首先看到的是十大名医塑像：岐伯、扁鹊、华佗、王叔和、孙思邈、李时珍等，他

们神态各异，栩栩如生，像在讲述千古医海故事。坐在中间的是张仲景塑像，睿智刚毅，坚韧恬淡，表现了他的果敢追求，不慕权利，忧百姓之忧，劳百姓之劳，为民着想的崇高境界。祠内东西廊房，各长约百米，东为介绍张仲景一生学医求教、行医疗疾的仿汉画石刻100余幅。西为医圣林，介绍我国上溯至神

农、黄帝，近到明、清的名医石刻画像113幅，画像造型逼真，刻工精细，堪称艺术精品，向世人展示祖国医学的发展史和为祖国医学作出卓越贡献的众多医学家。过长廊是山门，山门东侧建有春台亭，西侧建有秋风阁，为仲景探讨医术、著书立说的地方。

祠堂大门内10米左右则是张仲景墓，其为正方形大理石墓基，由汉砖砌成，四角镶嵌羊头，寓意吉祥，花墙环绕，凉亭盖顶，庄严肃穆，使人顿生无限敬仰。墓前立有清朝顺治十三年（1656年）的墓碑，上刻"万代医圣东汉长沙太守医圣张仲景先生之墓"。建有拜殿，后为墓亭，各种拜谒祭祀活动均在此进行。仲景墓亭东西两侧建有行方斋、智圆斋、仁术馆、广济馆等。亭台轩榭，玲珑俊秀，绿树有巢，风韵萧然，风光无限，真乃人间仙境，吸引着大批国内外游客前来探古寻圣。

医圣祠墓以其丰厚的医学文化内涵，向我们展示了中华文明的悠久历史和炎黄子孙的勤劳智慧。它是一座历史的丰碑，铭刻着人类与自然疾病作斗争的拼搏精神，更是弘扬民族优秀文化、进行爱国主义教育的不朽篇章。

黄 帝 陵

　　黄帝姓姬，名轩辕，是距今约4700年前我国远古社会的传奇领袖，因崇尚土德，所以被后人尊称为"黄帝"。相传他有25个儿子，分别有12个姓，后来的唐、虞、夏、商、周、秦都是这12个姓的后代；苗、戎、狄、毛、匈奴等少数民族都承认自己是黄帝的后裔，所以黄帝曾被看作是中华民族的共同祖先，中华儿女曾尊他为中华民族的始祖，认为自己是黄帝的子孙，因炎帝与黄帝是

近亲，故又称"炎黄子孙"。现在中国人一般称"中华儿女"。

汉司马迁《史记》中载："黄帝崩，葬桥山。"桥山黄帝陵始创于汉代，桥山因山形像桥而得名，山上古柏参天，山水环绕，面积为333公顷，山上6万株古柏参天遍野，四季常青。黄帝陵在桥山之巅，陵前所刻"黄帝陵"三个字，是郭沫若于1958年所写。传说黄帝活了110岁，天宫中的玉皇大帝派了一条巨龙接轩辕黄帝升天，人们把黄帝和巨龙团团围住，依依不舍，巨龙驮着黄帝昂首升空，慌乱间有人扯住黄帝的一块衣襟，有人拽下一只靴子，有人拉住了黄帝的佩剑，后来，人们把黄帝的这些遗物埋葬在了桥山之巅，这便是黄帝陵的由来。

沿盘山公路登临桥山，快到山顶处的地方立有"下马碑"。从下马碑再前行数十步就能到达山顶，黄帝的陵冢就坐落在山顶平台的中央。黄帝陵高3.6米，陵墓上长满古柏。墓周长48米，有砖砌一米多高的花墙护围，围墙正面的碑上，镌刻着明朝唐锜所书的"桥山龙驭"四个大字，意即黄帝在此乘龙升天。

黄帝陵前有四角飞檐的祭亭，亭中石碑上镌刻郭沫若写的"黄帝陵"三字。每至清明时节，祭祖扫墓者都会不约而同地来到陵前瞻仰祭拜。

小故事

黄帝是传说中我国原始社会末期伟大的部落首领，被尊为"中华文明始祖"。黄帝姓姬，又因生于河南新郑轩辕之丘，故又名"轩辕氏"。黄帝自幼天资聪颖，他教人筑房造屋，还发明了指南针和弓箭，打败了蚩尤的叛乱，统一了华夏民族。中国衣、食、住、行等物质文化与精神文化中的许多东西传说都是黄帝首先发明的。

黄帝还是传说中的三皇五帝之一，孔安国的《尚书·序》以伏羲、神农和轩辕（黄帝）为三皇，《史记》以黄帝为五帝之一。黄帝为中央大帝，有"土德之瑞"，土主黄色，故称"黄帝"。古代，黄、皇相通，所以古书中也称"皇帝"，意即皇天上帝。汉代司马迁的《史记》称："黄帝崩，葬桥山。"

传说黄帝打败蚩尤后，定居于今黄陵县桥山上，大家在近水靠山的山坡上伐木建房。由于建房引起的大肆砍伐，导致桥山周围的树全被砍光了。一天，暴雨倾盆而下，山洪暴发，冲走了很多人。第二天，黄帝经过查看，发现水土流失最严重的地方，全是那些被砍光了树木的山地。于是黄帝号召大家吸取教训，上山种植树木，他亲自带头栽下一棵柏树，也就是今天庙中的"黄帝手植柏"。这株巨柏周身有二十多个大疙瘩，相传是黄帝乘龙上天时，将百姓送给他的干肉块扔下来，不断落在这株柏树上，变成了树疙瘩。

秦始皇陵

　　秦始皇陵建成于公元前210年，位于陕西省西安市临潼区东5000米处，距离西安市约37千米，北靠骊山、南临渭水、规模宏大，气势雄伟，是目前已知的中国封建社会规模最大的一座帝陵。坟丘为土筑，坟丘四周筑有内外两重城垣围成陵园，其遗迹依然可寻。内城周长2525米，外城周长6294米，各四门，南门为陵园正门。内、外城之间有葬马坑、珍禽异兽坑、陶俑坑；陵外有马厩坑、人殉坑、刑徒坑、修陵人员墓葬400多个，面积较大，为56.25平方千米。陵墓地宫中心是安放秦始皇棺木的地方。秦始皇陵园除从葬坑外，还发现石料加工厂的遗址，建筑遗物有门砧、柱础、瓦、脊、瓦当、石水道、陶水道等。

　　据史书记载，秦王嬴政从13岁即位时起就开始营建自己的陵园，由丞相李

斯主持规划设计，大将章邯监工，工程之浩大、气魄之宏伟，创历代封建统治者奢侈厚葬的先例。公元221年，秦统一中国后，嬴政自称"始皇帝"，继续大兴土木，修造皇陵。当时，秦朝总人口约2000万，而修筑陵寝的劳役竟达72万之多。修建陵园所用的大量石料，取自渭河北面的仲山、峻峨山，全靠人力运至临潼，工程浩大而艰辛。

秦始皇陵是世界上规模最大、结构最奇特、内容最丰富的帝王陵墓之一，也是一座豪华的地下宫殿。秦俑坑的发现，也是世界考古史上的一次重大发现，号称"世界第八大奇迹"，它可以同埃及金字塔和古希腊雕塑相媲美，是世界人类文化的宝贵财富。

因秦始皇陵规模宏大，历史上遗留下来的相关文字资料较少，我国考古学家、历史学家等多方面的专家，已经对它进行了几十年的探察和研究，并且不断有新的发现。但由于目前发觉、保护及其他多方面的原因，还未对秦始皇陵进行大规模的挖掘，仅对陵墓周围的少数陪葬坑进行了科学挖掘。所以目前人们去看秦始皇陵，只能看到座大山一样巨大的土丘，秦始皇和他精心构造的地下宫殿，2000多年来未受到外人的打扰。秦俑的写实手法作为中国雕塑史上承前启后的艺术为世界瞩目。现已在1、2、3号坑成立了秦始皇陵兵马俑博物馆，并陆续对外开放。

秦始皇陵园仿照秦国都城咸阳建造，呈"回"字形，陵墓周围筑有内、外两重城垣，陵区内有寝殿、便殿、园寺、吏舍等遗址。秦始皇陵封土夯筑而成，形成了三级阶梯，状呈覆斗，底面积约为25万平方米，高115米，整座陵区的总面积为56.25平方千米。秦始皇陵集中了秦代文明的最高成就。陵园以封土堆为中心，四周陪葬分布众多、内涵丰富、规模空前，除闻名遐迩的兵马俑陪葬坑、铜车马坑之外，又发现了大型石质铠甲坑、百戏俑坑、文官俑坑以及陪

葬墓等600余处，出土的文物多达10万余件。

1980年，在秦始皇陵西侧的铜车马坑中发掘出两乘大型彩绘铜车马，按出土时的前后顺序编为1号车和2号车。两车均为双轮单辕，前驾四匹铜马，车上各有一个铜制官俑。铜车马出土时已被塌陷的黄土压成碎片。经过细致的修复工作，其完整的形象才展现在人们面前。这两组形体较大的铜质马车，是迄今为止国内发现的年代最早、形体最大、结构最复杂的铜铸马车。它与兵马俑交相辉映，为始皇陵增添了新的光彩，也为考古学家们研究秦代历史和铜的冶铸技术提供了实物资料。

1961年，国务院将秦始皇陵定为全国重点文物保护单位。1987年，秦始皇陵及兵马俑被联合国教科文组织批准列入《世界文化遗产名录》。

小故事

关于秦始皇修建自己的陵墓，曾有这么一个传说。当秦始皇坐在宝座上，沉醉在一片"万岁"的呼声中时，他开始幻想自己永远不离开人间和豪华的宫殿，于是听信了方士们所编造的东海中有蓬莱、方丈、瀛洲三座仙山，那里居住着仙人的美言，并派方士徐福带领数千名童男、童女到海中的仙山上求取长生不老的仙药。但是徐福一行入海后，因为找不到长生不老的仙方，怕秦始皇怪罪，就再也没有回来。后来民间传说，他们来到了现在的日本国定居，在那儿传宗接代。

1974年春，在秦始皇陵东1.5千米处发现了兵马俑葬坑，它象征着秦始皇陵的守陵卫队。据估计，有陶俑数千个、陶马上百匹，以及配备的战车数十辆，各种铜锡合金兵器近万件。特别是彩绘的陶武士俑（体高1.78～1.87米）、陶马，大小和真人真马一样，造型逼真，栩栩如生，并排列成长方形的战阵，展现出一种戒备森严的场面。经探测和发掘得知，这里放置兵马俑的地穴式坑道建筑，方位是南一北二，坐西面东，各自独立，互不相通。编号分别为第1、第2和第3号坑。后两个坑东西相对，都在前坑的北侧20多米处。此外，在2、3号坑之间还有一个尚未建成就废弃的空坑。从形

制上来看，1、2号坑为步兵骑兵和车兵穿插组成的混合部队，3号坑则是统领1号坑和2号坑的军事指挥所。

说起秦兵马俑的发现，可以追溯到20世纪70年代一个春寒料峭的3月，当时陕西省临潼县宴寨乡西杨村农民在自己世代居住的村子南边打井抗旱。井挖到第五天，脚下出现了异常坚硬的红色烧土层，这使他们不免感到有些迷惑。当挖到3～4米时，突然，随着几声清脆的"叮当"声，眼前出现了一些奇形怪状的陶片、几个绿锈斑斑的铜弩机和一枝枝青铜箭……。"这是什么？""也许是个砖瓦窑吧！""不，像是地下十八罗汉。"农民们争论不休，茫然无解，谁也说不明白。

消息传到县城，临潼县文化局考古干部赵康民等人闻讯赶到现场，面对暴露出来的同真人一样高大、虽已残破却不减威武神采的陶俑，他们又惊又喜。于是将已经清理出土的残俑、陶片等文物运回修复研究。

就这样，几位普通农民用他们手中的铁锹打开了一座无与伦比的古代文化宝库的大门。

汉茂陵

茂陵于公元前139年至公元前87年间建成。现为全国重点文物保护单位。

茂陵是西汉武帝刘彻的陵墓,位于陕西省西安市西北40千米处的兴平市茂陵村,此地在汉代为槐里茂乡,武帝建元二年(141年)在此建寿陵,公元前87年武帝死后葬于此。茂陵建筑宏伟,陵高46.5米,顶部东西长39.5米,南北宽35.5;墓冢边长240米,陵园呈方形,东西墙垣长430.87米,南北墙垣长414.87米,城基宽5.8米。茂陵不仅在西汉帝陵中规模最大,修建时间也最长。从武帝即位的第二年(前139年)开始,到他去世,前后共用了53年。墓内殉葬品极为豪华丰厚,史称"金钱财物,鸟兽鱼鳖,牛马虎豹生禽,凡百九十物,尽瘗藏之"。 由于陪葬物品多,许多物品放不进墓内,只好放入陵园中,以致西

汉末年农民起义军打开茂陵陵园之门，成千上万的农民涌入陵园搬取陪葬物，搬了数十天，园中物品还"不能减半"。1981年，在茂陵东侧出土200多件珍贵文物，其中，鎏金铜马、鎏金鎏银竹节熏炉均为稀世珍品。相传武帝的金缕玉衣、玉箱、玉杖等也一并埋在墓中。

当时在陵园内还建有祭祀的便殿、寝殿，以及宫女、守陵人居住的房屋，安排5000人在此管理陵园，负责浇树、洒扫等差事。而且，在茂陵东南营建了茂陵县城，许多文武大臣、名门豪富迁居于此，人口多达27.7万多人。

茂陵陵周陪葬墓还有李夫人、卫青、霍去病等人的墓葬。

小故事

据说，茂陵址是由汉武帝派宫中的风水先生选定的。可风水先生却偷偷将宝地留给了自己。武帝入葬茂陵后，风水先生也死了，他的儿子把他埋在做过标记的地方。风水先生的墓一天天往上长高，突然有一天，天上掉下一块大石压住了墓顶，便再也不长了。当地人把风水先生的墓称"压石墓"，这里风水最佳，可"卧看长安"，而茂陵那儿能"坐看长安"。

霍去病的名字相传是汉武帝所赐。霍去病之母卫少儿生下霍去病不久，还未取名。有一次，她抱着孩子进宫看望妹妹卫子夫（当时为皇后）。在皇宫中，孩子突然大哭起来，把卧病在床的汉武帝惊吓得一身冷汗。想不到这一惊，汉武帝的身体就痊愈了。武帝非但没有怪罪，反而非常高兴，得知这孩子还未取名，便赐给他一个别致的名字：霍去病。人们认为霍去病的名字吉祥，能够让灾"去病"，所以墓顶的庙宇，一年四季香火不断。墓地四周也一直树木葱茏，生意盎然。

霍去病墓

　　霍去病墓位于陕西省兴平市东北约15千米处，是西汉武帝茂陵的陪葬墓。霍去病是西汉抗击匈奴的著名将领，病逝时年仅24岁。汉武帝因其早逝十分悲痛，下诏令陪葬茂陵。墓用天然石头垒成祁连山形状，象征霍去病生前驰骋鏖战的疆场。霍去病墓冢底部南北长105米，东西宽73米。顶部南北长15米，东西宽8米，冢高约25米。

　　其墓前共有16件石刻，包括石人、石马、马踏匈奴、怪兽食羊、卧牛、人与熊等，题材多样，雕刻手法十分简练，造型雄健遒劲，古拙粗犷，是中国迄今为止发现的时代最早、保存最为完整的大型圆雕工艺品，也是汉代石雕艺术的杰出代表。其中"马踏匈奴"为墓前石刻的主像。该像长1.9米，高1.68米，为灰白细砂石雕凿而成，石马昂首站立，尾长拖地，其腹下雕有手持弓箭、匕首，带长须仰面挣扎的匈奴人形象，是极具代表性的纪念碑式作品。这组石刻都是将一块整石运用线雕、圆雕和浮雕的手法雕刻而成。材料选择与雕刻手法、形体相配合，有的注重形态，有的突出神情，有的则形神兼备。猛兽表现凶猛，马则表现跃起并注视前方，牛、象则表现温顺，神态各异。从铭文刻石推断，这批石刻应

该是少府左司空监造的。墓前列置石人、石马、石象、石虎等石刻，对以后中国历代陵墓石刻的发展有深远影响，一直为汉以后历代陵墓石刻艺术所继承。霍去病墓石刻的原有总数已不可考，明嘉靖年间因地震有的倒塌，有的被掩埋。1949年以前原置于墓前的有9件，1957年新发现7件。1956年在霍去病墓前设置茂陵文物保管所，1957年把露天石雕移置在墓前新建的两廊内。1979年茂陵文物管理所改为茂陵博物馆。

唐 昭 陵

　　昭陵是唐朝第二代皇帝李世民的陵墓，是陕西关中"唐十八陵"中规模最大的一座，位于陕西省礼泉县城东北22.5千米的九嵕山上。距西安市70千米，距咸阳市30千米。

　　昭陵陵园周长60千米，占地面积为200平方千米，共有陪葬墓180余座，被

誉为"天下名陵"，是我国帝王陵园中面积最大、陪葬墓最多的一座，囊括了唐代自建都100多年内所有的知名大臣、皇亲国戚和三品以上官员，陪葬墓主人的级别及在历史上的知名度也为中国之最。人们熟知的魏征、房玄龄、徐懋公、李靖、秦琼、程咬金等人的墓葬均在其中，被誉为"天下名陵"。从唐贞观十年（636年）太宗文德皇后长孙氏首葬，到开元二十九年

（743年）昭陵陵园建设，共持续了107年之久，地上、地下遗存了大量文物。它是初唐走向盛唐的实物见证，是我们了解、研究唐代乃至中国封建社会政治、经济、文化难得的文化宝库。

昭陵首开中国封建帝王"依山为陵"的先河。

昭陵保存了大量的唐代书法、雕刻、绘画作品，为我们研究中国传统的书法、绘画艺术提供了珍贵的资料。昭陵墓志碑文，堪称初唐书法艺术的典范，或隶或篆，或行或草，多出自书法名家之手。

"昭陵六骏"浮雕，构图新颖，手法简洁，刻工精巧，鲁迅先生曾称其"前无古人"。昭陵陪葬墓壁画，多为唐代现实生活的写照，又不乏浪漫主义色彩，其用笔，或奔放泼辣，或遒劲有力；其用色，或简洁明快，或细腻精致，人物造型无不形神兼具，栩栩如生，堪称唐墓壁画的上乘之作。昭陵陪葬墓出土的大量彩绘釉陶俑，工艺精湛，造型优美，色彩绚丽，也为全国罕见。这里出土了我国最早的唐三彩及中国最古老的一顶帽子实物。

1961年，国务院公布昭陵为全国第一批重点文物保护单位，2002年被国家旅游局评定为3A级旅游景区。

乾 陵

　　乾陵是唐高宗李治（650—683）与女皇武则天的合葬陵墓，位于陕西省乾县北6000米的梁山上，海拔为1 000余米。乾陵三峰耸立，南端二峰东西对峙，形如乳房，俗称"奶头山"，为乾陵的天然门户。北峰雄伟，依山为陵，是陵墓的主题。陵墓入口在梁山南坡，通道长达63米，高约4米。全部填砌石条，铁栓联结，铁水浇灌，异常坚固。地面陵园原有内外两重城墙，据《唐会要》记载，当初地面建筑有378间。朱雀门外御道长约1000米，两侧从南到北，依次排列有华表一对，呈八棱形，卷草纹雕饰；飞马一对，有卷云形双翼，姿态生动，制作精巧；朱雀一对；石马五对，马有鞍镫等雕饰，并有牵马石人；戴冠着袍持剑的直阁将军石人十对。并有两幢高达6.3米的《述圣记碑》和《无字碑》，前者碑文为武则天所撰，中宗书；后者碑侧线雕云龙纹，碑头刻八条绞龙纹，座上也有线雕花纹61尊宾王雕像，系为葬高宗祭奠而来的少数民族首领和外国使节，武则天为夸耀盛威，遂刻为石像。此外，玄武门、青龙门、白虎门的石狮、石马等高大石刻，比例匀称、造型生动、制作精美。这些石刻不仅是唐代文化艺术的珍贵遗产，也是唐王朝与各国人民友好往来的历史见证。

　　陵东南有17座王公大臣陪葬陵墓，现已先后发掘了永泰公主李仙蕙、章怀太子李贤和懿德太子李重润、中书令薛元超、右卫将军李瑾行等5座墓，出土文物达4000多件，丰

富多彩，可想高宗和武则天时代乃唐代盛世，墓内奇珍异宝和名家书画必然不少，只待以后发掘方能知晓。

永泰公主，是唐高宗李治和武则天的孙女、唐中宗李显第七女，名仙蕙，死于大足元年（701年）。时年17岁。墓位于陕西省乾县北原，西北距乾陵2.5千米，为乾陵的陪葬墓之一。墓的地下建筑由墓道经6个洞及天井，又经前后通道至前室及后室，长达8.7米，从地面以降，最深处为16米，规模十分宏伟。

其地面建筑，现仍存陵园神道遗物，自南而北，有石华表、武侍石刻像及石狮，均为东西成对配列，再为双阙，烘托着其后中央的坟丘，表现了完整的总体规划。

永泰公主墓虽已被盗，金玉随葬品均窃取一空，但它宏伟的地下建筑和大量文物，如壁画、雕刻、陶瓷品等保存迄今。在长达数十米的墓道内和前后墓室四壁及顶部都绘有彩画，题材丰富，构图完美，技法简练，表现了盛唐时期的艺术风格，它成为研究我国美术史的一处宝藏，也是建筑史的一个重要实例。永泰公主墓是人们游览乾陵时的必到之地。

章怀太子李贤是武则天的次子，章怀太子墓为乾陵陪葬墓之一，位于乾陵东南约3千米。墓为覆斗形封土堆，底边长、宽各43米，顶边长、宽各11米，高约18米。南有土阙、石羊，原有围墙，占地26 000平方米。墓由墓道、过洞、天井、通道、前室和后室组成，全长71米。前、后室略呈方形，为弓窿顶，绘有银河及日月星辰，方砖墁地。后室有无殿式石一座，长4米，宽3米。出土文物极为丰富，随葬品有600多件，绝大部分为陶器以及唐三彩的人、马俑等；墓室石门有朱雀、飞马、蔓草纹饰；壁画是章怀台子墓中的重要文物。全墓共有50多组画，大都保存完好。从所绘题材除青龙、白虎外，其余如出行客使、仪仗、马球、歌舞、游戏以及宫廷侍女、陪臣等，都充分反映了统治者的剥削、享乐生活。全部彩画色彩鲜艳、技巧娴熟、生动自然，对研究唐代历史和文化艺术提供了极为重要的实物资料。

懿德太子李重润是唐中宗李显的长子，因对武则天不满，于大足元年被处死，年仅19岁。后被追封为"懿德太子"，神龙二年（706年）由洛阳迁葬乾陵，隆重厚葬。此墓于1971年至1972年发掘，出土文物1000多件。墓内有数十幅壁画。

小故事

"无字碑"，又称"没字碑"，初立时，上面未刻一字。大凡树立碑石，都是想"托坚贞之石质，永垂昭于后世"，所以在碑上刻字，或追述世系、表功颂德，或祭祀、记事。据说秦始皇曾在泰山立过一通无字碑，或以为是欲刻而未刻，或以为是镇石，或以为是树立的一种"表望"。对武则天的这通"无字碑"，后人也做过种种猜测，有人认为是表示帝王"功高德大"，取《论语》孔子"民无得而名焉"之意，而名"无字碑"。另一种说法是，武则天临终前立下遗嘱：一生功过留与后人去评说，何必勒石刻字？

炎帝陵

　　炎帝陵位于陕西省宝鸡市渭滨区神农乡的常羊山上,史传炎帝生于姜水九龙泉,旧时宝鸡境内天台山与姜水畔口建有规模巨大的神农庙、炎帝殿,后均毁圮。1993年于此重建炎帝陵寝,以常羊山为主体,三面临空,气势磅礴,分为陵前区、祭祀区、墓冢区三部分,总面积为3300平方米。陵区前包括十里神道和九龙泉遗址;祭祀区设拜炎阁及祭祀广场;墓冢区在常羊山中峰顶,四周植松柏,树碑林。

　　宝鸡为炎帝故里,是中华民族的发祥地之一。远在5 000年前的上古时期,以炎帝神农为首领的姜姓部落就生活在这里。炎帝陵为炎黄子孙寻根祭祖的主要场所。

　　在宝鸡市姜城堡地区,清姜河从旁流过,姜城堡背依秦岭,隔渭河与北首岭相望,地势更为开阔,为农业生产提供了广阔的土地资源。在姜城堡地区发现的姜氏城遗址,面积约为49万平方米。遗址中最大的房子长10.7米,宽10.5米,面积约为124平方米,而北首岭遗址中最大的房子的面积仅为88平方米,出土的生产工具和陶器与北首岭的相似,并且相对先进。由此可见,姜城堡遗址时期是北首岭氏族部落的繁荣和发展时期,这正是母系氏族公社向父系氏族公社的过渡时期,与传说中的"炎帝时期"相吻合。目前在宝鸡已发现古文化遗址40多处。众多的古文化遗址,反映了炎帝部落繁衍生息、发展壮大的过程。

杨贵妃墓

　　杨贵妃，名玉环，今陕西华阴人，通晓音乐，能歌善舞，有倾国倾城之貌，原为唐玄宗十八子李瑁的王妃，后被唐玄宗召入宫中，封为女官，号太真，天宝四年（745年），被册为贵妃。安史之乱中，唐玄宗逃至马嵬坡时，以右彪武军大将军陈玄礼为首的随从将士杀死宰相杨国忠，并胁迫唐玄宗将杨贵妃缢死，其时年38岁。

　　杨贵妃墓其实只是杨贵妃的衣冠冢，位于陕西省西安市附近兴平市马嵬镇西门外的马嵬坡上，距西安60千米，现存的墓是一个小陵园。来到这里，首先就能看到门楼上刻着"唐杨氏贵妃之墓"。进门正面是一座三间仿唐献殿，建筑高大壮观。过了献殿即是墓冢，墓呈半球形，高约3米，墓顶及周围砌有青砖。游人至此读咏周围回廊上的古人诗作，可以明史，可以抒怀，别有一番情趣。杨贵妃陵园小巧玲珑，占地3000平方米。在墓东、西、北三面有回廊，廊壁上嵌有大小不等的30余块石碑，刻有历代名人游历后的题咏。

传说妇女用贵妃墓上的土搽脸，可以去掉脸上的黑斑，使面部肌肤细腻白嫩。因此，其墓土被称为"贵妃粉"，远近妇女争相以土搽脸，连外地游人也要带包墓上土回去，于是墓堆越来越小，守墓人不断给墓堆添土，但不久又会被人取光。为了保护坟墓，只好用青砖将其包砌。这样，人们就再也无法从墓上取土了。

杨贵妃墓是陕西省重点文物保护单位。近年来，当地政府对贵妃墓进行了修葺，新修了围墙、碑廊、献殿和亭子，并在墓园后添立了一尊6米高的杨贵妃大理石雕像。

桥 陵

桥陵为唐睿宗李旦之墓,位于陕西省蒲城县城西北15千米处的丰山。丰山海拔为751米,这里峰峦起伏,沟壑纵横,形成各自独立的山头。向南平野辽阔,与秦岭诸峰遥遥相对,山川壮丽,气象万千。据记载,丰山名叫"金帜山",也称"金栗山""苏愚山"。当地人们依其展翅欲飞的天然形势,称它为"凤凰山"。

桥陵因建于开元盛世,所以各种设施规模都较大。就陵园来说,它包括整个凤凰山,四面有高大的城墙。南城墙长2871米;西城墙长2836米;北城墙东至2433米处为沟壑所断,距西北角楼约450米;东城墙全长2303米,由北向南至903米,沿山势向西折进427米,再南至东门,直通东南角遗址。整个平面呈一规矩的刀把形,占地总面积为85万平方米。朱色墙身宽1.3米,墙基宽3米,四周城墙夯土若隐若现。其基室就凿造于墙中的山腹中,陵墙四周各开一门,即前朱雀、后玄武、东青龙、西白虎(东西门又名"东华门""西华门"),门前两侧均有石刻和门阙,陵墙建有角阙,陵墙周长约13千米。朱雀门内有献殿遗址,其附近立有《唐睿宗桥陵》石碑,由清朝乾隆时陕西巡抚毕沅隶书。

桥陵石刻的特点是高大精美,写实性较强,是盛唐石刻艺术的代表作。朱雀门外雄伟的石刻群,排列在长625米、宽110米的神道两侧,气势磅礴,蔚为壮观,历经1200多年的风霜雨雪,仍然眉目清晰,神采奕奕,堪称盛唐石刻艺术的露天展览馆。

顺　陵

顺陵是武则天之母杨氏的陵墓，位于陕西省咸阳市东北18千米处的陈家村南。杨氏死于咸亨元年（670年），以王礼葬。武则天在天授元年（690年）称帝，改国号为"周"，追封其母为孝明高皇后，将墓改称为"陵"。现为全国重点文物保护单位。

陵园平面略呈长方形，占地面积为110万平方米，有内城和外城。外城南北长1264米，东西宽866米，南面正门并列两个土阙，相距50米。内城也称"皇城"，位于外城偏北部，南墙长286米，东墙长291米，西墙长294米，北墙长282米。南墙中段有两个土阙相对，相距22米。城墙由夯土筑成，宽1.9米至2.2米。

陵墓位于内城北部略偏西处，坟丘底部平面呈方形，每边长48.5米，高12.6米。墓道为斜坡形，长28.5米，宽2米。墓道两侧的顺陵壁用石灰粉刷，绘有壁画。顺陵有南、北、东、西四门。现南门遗有立狮、天禄（鹿）各一对；北门有坐狮、鞍马各一对；东、两二门还遗有坐狮。其中以立狮和坐狮的雕刻最为宏伟。立狮高约2.5米，双目圆睁，大鼻阔口，胸肌突起，作昂首行进状。坐狮高约3米，张口吐舌，筋肉突出。前肢和足爪刻画得特别坚实粗大，把狮子雄健的形象加以有力的夸张。整个石雕都刻制精美，强劲有力，气势慑人，为历代石雕坐狮中最大的雕塑建筑，表现了盛唐时期石雕艺术的宏伟风格。

石走狮和天禄也是顺陵石刻中的精品。石走狮高达4米，体型庞大，造型雄伟，作阔步缓行的姿态，整个雕刻气势磅礴，极富质感。天禄（又名"独角兽"）头似鹿，身如牛，有双翅，双翅上雕有美丽的卷云花纹，足为马蹄，尾垂与石座相连。

在外城中部，原立有顺陵石碑，是武则天为其母所立。碑刻于长安二年（702年）正月，由武三思撰文、相王李旦（即唐睿宗）书，字体方正，篆隶相兼，为唐代名碑。碑石在明嘉靖三十四年（1555年）的地震中被毁断成7块，后修复。现藏于咸阳市博物馆。

杜 陵

　　杜陵是中国西汉宣帝刘询的陵墓，位于陕西省西安市曲江乡三兆村南，始建于元康元年（前65年），初元元年（前48年），汉宣帝葬于此，为西汉诸帝陵中规模较大、保存较好的一座。1982年至1984年，中国社会科学院考古研究所对陵园、寝园遗址和陪葬坑进行了钻探和发掘。1988年，中华人民共和国国务院公布杜陵为全国重点文物保护单位。

　　陵园平面呈方形，边长430米。墙夯筑，基宽8米。四面正中各辟一门，门址通宽85米，进深20米，由门道、左右塾和左右配廊组成。门道宽13.2米，底铺素面方砖，正对陵墓羡道。门道两边为左塾和右塾。左右塾外侧，分别与左右配廊相连。王皇后陵的陵园及其门址形制与杜陵陵园基本相同，唯规模较小，边长330米。

　　寝园位于陵园东南，四周筑墙。平面呈长方形，东西长173.8米，南北宽120米。辟有南门三座，东门和西门各一座。寝园里有寝殿和便殿两大组建筑。寝殿是寝园的主体建筑，位于寝园西部，东西宽107.8米，南北长110.6米，面阔13间，进深5间。周施回廊，地铺素面方砖，廊外有卵石散水。便殿在寝园东部，是一组多功能的建筑群，由殿堂、院落和成套的房间组成，有周密的地下排水设施。寝园南部有大面积的房屋建筑，当为守陵者住所。王皇后陵寝园在王皇后陵园西南，东西长129米，南北宽92米。

陵墓居陵园中央，封土覆斗形，底部和顶部的边长分别为175米、50米，高29米。四面正中各有一条羡道通向地宫，大小、形制基本相同，宽8米，底部在封土边处深达20米。与宣帝合葬的王皇后陵墓在杜陵东南575米，又称"东园"，陵墓封土也为覆斗形，底部和顶部边长分别为145米和45米，高24米。

陪葬墓现有封土者62座，分布在杜陵东南、东北和北部三处，其中以东南的数量较多，规模较大，分布密集，排列有序。根据文献记载，陪葬的有大司马车骑将军张安世、丞相丙吉、建章卫尉金安上、中山哀王刘竟等。

陵邑位于杜陵西北2.5千米，平面呈长方形，东西长2100米，南北宽500米，是西汉诸陵邑中人口较多的一座城邑，居民中有不少"随帝陪陵"而居的达官显贵。出土遗物主要为砖瓦建筑材料。砖有方砖、长条砖，纹饰有素面、几何纹和小方块纹。瓦当有"长乐未央""长生无极"，还有铁刀、铁钎、鎏金铜构件、铁镢和五铢钱、大泉五十等。

徐光启墓

徐光启墓位于上海南丹路上的光启公园内，占地面积为12666余平方米。现墓地有徐光启花岗岩雕像。东侧是碑廊，有徐光启画像、手迹和传记石刻，共12块。四周绿树成荫，环境清幽，庄严肃穆。

徐光启，上海徐家汇人，我国明代著名的科学家，是介绍西方科学的先驱，历史上的"四大农学家"之一。曾官居礼部尚书、文渊阁大学士，终身从事天文、历法、水利、测量、制盐、数学和农学研究，在农业与天文上的成就极为突出。1600年，徐光启结识西方传教士利玛窦，开始学习西方文化和科学知识。徐光启翻译了《几何原本》《大测》等书，介绍了西方科技知识。

明崇祯六年（1633年），徐光启在北京去世，后被葬在当时的法华浜和肇嘉浜的汇合处，其子孙也多汇居在此，"徐家汇"由此得名。

徐光启是中国研究和介绍西方科学的先驱，在农业与天文学上的成就极为突出。墓地有徐光启夫妇和4个孙子的墓穴，墓前立墓碑。墓地东有碑廊，刻徐光启画像、明人查继佐撰写的传记以及徐光启手稿。墓前有徐光启半身花岗岩雕像。

明崇祯七年（1634年）赐域赐葬，崇祯十四年（1641年）营葬，墓前有华表、牌坊、翁仲、石马等。光绪二十九年（1903年），天主教会为纪念徐光启受洗300周年，重修牌坊，并在墓道中建白色大理石十字架一座。墓地在1957年经过修整，墓前有徐光启的花岗石雕像，东侧是碑廊，有徐光启的画像、手迹和传记石刻12块。

光启公园的爱国主义教育场所主要包括徐光启墓和"南春华堂"纪念馆。"南春华堂"是一座明、清时期的建筑，2003年迁入公园，占地面积为300平方米，馆内陈列历史照片、图片和徐光启生平简介等。2003年1月，光启公园和徐光启墓被上海市人民政府命名为"上海市爱国主义教育基地"，并免费对外开放。

光启公园坐北朝南，东临徐汇区游泳池，南临南丹路，西近汇站路，北面为徐家汇天主教堂。面积为1.32万平方米。该园原是明末著名爱国科学家徐光启的墓地，始建于明崇祯十四年（1641年），墓地面积原为1.33万平方米，共10个墓穴，主穴葬着徐光启及其夫人吴氏，左右葬着他的4个孙子和孙媳。墓前原有石羊、石马、华表、牌坊，到19世纪末大多已损坏，墓地面积只剩下1.2万平方米，清光绪二十九年（1903年）为纪念徐光启逝世270周年，人们将墓地修缮一新，重建石羊、石马、华表、牌坊等物，并于墓前置大十字架一座，旁竖一块重修墓地的碑石。1933年纪念徐光启逝世300周年时，十字架周围围以铁栏杆，墓区围水磨石栏杆，并筑水泥道路。1937年，日军侵占上海后，墓地荒废，原来的石羊、石马、华表、牌坊均遭到破坏，现已残缺不全。

1957年，上海市文化局拨款进行整修，并公布其为上海市文物保护单位。"文革"期间，部分墓地被占用，原有的石羊、石马、华表再度遭到破坏。1978年，上海市革命委员会收回被占墓地，拨款修缮，辟为公园，同年5月1日对外开放，定名"南丹公园"。1981年将墓修建为明代椭圆形大墓。1983年11月为纪念徐光启逝世350周年，把南丹公园改名为光启公园作为纪念。

南京明孝陵

　　明孝陵位于江苏省南京市东郊紫金山（钟山）南麓独龙阜的玩珠峰下。明朝开国皇帝朱元璋和皇后马氏合葬于此。作为中国明陵之首的明孝陵宏伟壮观，代表了明初建筑和石刻艺术的最高成就，直接影响了明、清两代500多年帝王陵寝的形制。依历史进程分布于北京、河北、辽宁、湖北等地的明清帝王陵寝，都是按南京明孝陵的规制和模式营建的。明孝陵建于明洪武十四年（1381年），翌年马皇后去世，葬入此陵。因马皇后谥"孝慈"，故陵名称"孝陵"。洪武三十一年（1398年），朱元璋病逝，启用地宫与马皇后合葬。至

明永乐十一年（1413年）建成"大明孝陵神功圣德碑"，整个孝陵建成，历时30余年。明孝陵也是我国古代现存至今最大的皇家陵寝之一，至今已有600余年的历史。

明孝陵经历了600多年的风雨沧桑，许多建筑物的木结构已不复存在，但陵寝的格局依旧保留了原来恢宏的气派，地下墓宫依旧完好。陵区内的主体建筑和石刻、方城、明楼、宝城、宝顶，包括下马坊、大金门、神功圣德碑、神道、石像路石刻等，都是明代建筑遗存，保持了陵墓原有建筑的真

实性和空间布局的完整性。特别是明孝陵的"前朝后寝"和前后三进院落的陵寝制，反映的是礼制，但突出的是皇权和政治。明孝陵是现存建筑规模最大的古代帝王陵墓之一，其陵寝制度既继承了唐、宋及之前帝陵"依山为陵"的制度，又通

过改方坟为圆丘，开创了陵寝建筑"前方后圆"的基本格局。明孝陵的帝陵建设规制，在中国帝陵发展史上有着特殊的地位。所以，明孝陵堪称明、清皇家第一陵。

明孝陵的神道石刻是中国帝王陵中唯一不呈直线，而是环绕建有三国时

代孙权墓的梅花山形成一个弯曲
的形状，形似北斗七星。由卫岗
的下马坊至文武方门的神道长近
2400米。下马坊即孝陵的入口处，
是一座二间柱的石牌坊，额枋上
刻"诸司官员下马"六个楷书大
字，谒陵的文武官员，到此必须下
马步行。沿神道依次有下马坊、

禁约碑、大金门、神功圣德碑碑亭、御桥、石像路、石望柱、武将、文臣、
棂星门。过棂星门折向东北，便进入了陵园的主体部分。这条正对独龙阜
的南北轴线上依次有金水桥、文武方门、孝陵门、孝陵殿、内红门、方城
明楼、宝顶等建筑。陵寝建筑都是按中轴线筑造，体现了中国传统建筑的
风格。

2003年，明孝陵作为明、清皇家陵寝的一部分被联合国教科文组织列入
《世界文化遗产名录》。

南唐二陵

　　南唐二陵位于江苏省南京市南郊祖堂山西南麓的高山之下，是五代十国时期南唐开国皇帝先主李昪与中主李璟的陵墓。1950年至1951年间，由南京博物院进行科学发掘，1988年被公布为第三批全国重点文物保护单位。

　　李昪及其皇后宋氏的合葬陵居东，称为"钦陵"，建于公元943年。李璟及其皇后钟氏的合葬陵居西，称为"顺陵"，建于公元961年。李昪陵因建于南唐国势强盛时，故规模较大，随葬品也较丰富；李璟陵则建于南唐国势衰弱时，规模略小，随葬品也不丰富。

　　李昪钦陵全长达21米多，宽10米多，包括前、中、后3间主室和10间侧

室。前、中两室及其所附4间侧室是砖结构，后室及其所附6间侧室是石结构。墓门及前、中、后3个主室都仿照当时社会上流行的木结构建筑式样，在壁面上用砖砌或石雕成梁、桥、柱子和斗拱，再用石青、石绿、储石和丹粉等矿物质颜料在其上绘以鲜艳的彩画，图案多作牡丹、莲花、宝相、海石榴和云气纹等。据有关学者研究，认为这是目前国内现存最早的附属在柱枋部分的彩画遗迹，在建筑史和艺术史上都具有很高的价值。

李昇陵的中室和后室之间有辅道，在雨道口的中室北壁上方，横列大型的双龙攫珠的石刻浮雕，下方的左右两侧各置一尊足踩祥云、披甲持剑的石刻浮雕武士像，原均敷金涂彩。后室的室顶为巨大青石条砌成的叠涩顶，上面绘有彩色的天象图，包括日月星辰100余颗。后室地面的青石板上又雕刻着蜿蜒曲折

的江河形状，象征着地理图。这种上具天文，下具地理的陵墓内部装饰，是秦始皇陵以来帝王陵寝的装饰传统。后室的中后部有石砌棺床，棺床的侧面有行龙浮雕，并用浅刻的卷草和海石榴花纹作为棺床平面的装饰。

李昇陵前、中、后室所附的侧室内均有放置随葬品的砖台，原置的金、玉、铜、铁和陶瓷质的器物均被早年盗墓者所掠走或破坏。考古发掘所得的劫余器物以玉哀册和陶俑像较为重要，前者刻字填金，标明了该陵的陵名及下葬年代；后者有数以百计的男女宫中侍从俑和舞俑，以及各种动物俑，为南方唐宋墓中所罕见。

南京中山陵

中山陵是中华民国国父、中国民主革命的先行者孙中山先生的陵墓及其附属纪念建筑群，位于江苏省南京市东郊紫金山南麓，西邻明孝陵，东毗灵谷寺。1926年1月动工兴建，1929年6月1日举行奉安大典。1961年成为全国重点文物保护单位。

中山陵古称"金陵山"，金陵山共有三座东西并列的山峰，屹立在城东郊，是宁镇山脉中的主峰。东西长7000米，南北最宽处达4000米，周围绵延10余千米。巍巍钟山，青松翠柏汇成浩瀚林海，其间掩映着200多处名胜古迹。

中山陵依山而筑，冈峦前列，屏障后峙，气势磅礴，雄伟壮观。墓地全局呈"警钟"形图案，其中祭堂为仿宫殿式的建筑，建有三道拱门，门楣上刻有"民族，民权，民生"横额。祭堂内放置孙中山先生大理石坐像，壁上刻有孙中山先生手书《建国大纲》全文。

中山陵陵墓的入口处有高大的花岗石牌坊，上有中山先生手书的"博爱"两个金字。从牌坊开始上达祭堂，共有石阶392级，8个平台。台阶用苏州花岗石砌成。

祭堂为中山陵主体建筑，融中西建筑风格于一体，高29米，长30米，宽25米，祭堂南面三座拱门为镂花紫铜双扉。中门上嵌有孙中山先生手书"天地正气"直额。祭堂中央供奉中山先生坐像，出自法国雕塑家保罗·朗特斯基之手，底座镌刻6幅浮雕，是孙中山先生从事革命活动的写照。

明 皇 陵

明皇陵位于安徽省滁州市凤阳县境内，是明朝开国皇帝朱元璋为其父母和兄嫂而修建的陵墓，初建于吴王时期元至正二十六年（1366年），明洪武二年（1369年）后又进行了两次大规模修建，明洪武十二年（1379年）竣工。陵园占地133万余平方米。当时有城垣三重，周长1.4万米，其内"宫阙殿宇，壮丽森严"。享殿、斋宫、官厅数百间。历经650余载，虽经多次兵乱，但陵前神道上的31对（原为32对）石像生和皇陵碑、无字碑及坟丘等保存完好。皇陵碑位于南端西侧，高6.37米，碑文由朱元璋亲自撰写，记述了他自己的艰辛身世、戎马生涯和夺取江山的全过程，阐明了昌运兴盛的道理，全文共1105字。石像生数量之多、刻工之精美为历代帝王陵之冠。1982年被国务院列为全国重点文物保护单位。

在陵墓的外围，有三道城垣，形成三城包裹陵墓的平面布局。皇陵的三道城中轴线两旁，建设了不少祭祀、护

卫、住所建筑，形成规模宏大、森严壮观的皇陵建筑群。经过精心的设计、规划、施工，建成后的皇陵，气象巍峨，被誉为"重门列戟园陵肃"，"壮哉斯陵从古无"。

明皇陵陵墓是椭圆形覆斗式大平顶，高出周围地面5米。陵墓堆土而成，占地面积为1750平方米。陵前北部神道两旁的石像是目前所知明代最早、数量最多、刻工最精细的皇家陵园石刻，具有很高的石刻艺术价值。不仅数量居历代帝王陵墓之冠，而且雕刻技艺也有独到之处。石像均用整块石料雕琢，无论是人像，还是

动物，造型都很生动，雕琢精细，具有高超的技艺和强烈的艺术感染力。它们是宋、元石刻艺术发展的最早产物，对明、清的石刻造型艺术发展产生了深远影响。

闯 王 陵

闯王陵位于湖北省九宫山西麓牛足迹岭的小月山上，与夹山寺毗邻。按清代澧州知府何磷亲临夹山勘访所记原貌重建。闯王陵占地2万平方米，由陵卫、紫石牌坊、神道、陵寝、明楼等组成。闯王陵气势恢宏，庄严肃穆，被誉为"湖湘第一陵"。

闯王陵背依九宫山老崖"虎山"，傍依溪水，坐南朝北，整体建筑依山就势，气势宏伟。陈列馆内收藏有李自成鎏金马镫等许多珍贵文物和不同时代的史志文献。陵园附近有落印洞、拴马松等李自成殉难古迹。

李自成墓没有富丽堂皇的琉璃瓦，没有朱门和红楼，清砖灰瓦映

衬在绿茵茵的树丛中，反倒多了几分肃静。纪念馆中郭沫若的《甲申三百祭》，读来令人浮想联翩。一年前李自成还是大顺帝国

的皇帝，转眼却含恨九泉。当年那么多苦难都没有让李自成的军队倒下，在美女和酒色下却很快沉沦而不能自拔。伟人总会有过错，但过错永远也淹没不了一代天骄不朽的业绩。这就是很多人都来拜谒闯王陵的原因。

陵前高悬的牌匾"闯王陵"，是1995年原中国社会科学院明史学会会长刘重日老先生的题词。陵墓四周筑有"小长城"般的石头围墙和附属建筑，整个建筑依山就势，气势宏伟。墓后峰峦叠嶂，四周群峰耸立，最后一重是鄂南第一峰——老鸦尖，山势高耸峻峭，苍莽接天。闯王陵虽然没有帝王墓那样耀眼的"宝顶"和神秘的"地宫"，没有守卫他的"文武百官"石像，但每年都有十几万中外游客来此瞻仰凭吊。

李时珍墓

　　李时珍（1518-1593），字东壁，号濒湖山人，蕲州（今湖北黄冈）人，是我国杰出的医药学家。李时珍毕生辛勤著书，其著述共十余种，尤以药物研究为重，重视临床实践，主张革新。为纠正古代记载本草中存在的"品种既烦，名称多杂"，"舛谬差讹，遗漏不可枚数"之弊，决心自己编修本草学。为此，李时珍经常上山采药，深入民间，"考古证今"，"穷究物理"，花了近30年的时间，参考800余种书籍，先后易稿三次，写成一部集我国明代以前本草学大成的《本草纲目》。

　　《本草纲目》共收录药物1892种，其中新增药物374种，对药物学的发展作出了重大贡献。出版后，陆续有了日、朝、英、德等各种译本或节译本，在世界科学史上占有重要地位。新中国成立后修葺了李时珍墓冢，增建了牌坊、莲池、拱桥、层台、花坛、药圃、六角亭、纪念碑等，并扩地增建了李时珍纪念馆、国药馆，陈列有李时珍生平、《本草纲目》的各种版本和中草药标本以及全国各大药厂研制的中成药产品。已形成一座占地达5万平方米、建筑典雅、宽敞明丽的陵园，吸引着国内外游人、药商来此瞻仰和开展药材贸易活动。

　　1982年，中华人民共和国国务院公布李时珍墓为全国重点文物保护单位。

八岭山古墓群

八岭山又名"龙山"，属荆山余脉，位于湖北省荆州市区西北部，总面积为43平方千米，平均海拔为39.6米，最高海拔为109米。八岭山属丘陵地形，其山势宛若八条蛟龙，呈西北东南走向，因此又称"龙山"，山上物产丰富。

八岭山古墓群现有大中型封土堆古墓葬467座，其他无封土堆古墓不计其数，以东周时期楚墓和明代藩王墓最为著名。

该古墓群延续年代上至东周时期，下至明清，前后达2000年之久。

目前八岭山古墓群上大型古墓仅仅抢救发掘了明辽简王墓，尤其是东周时期的大型楚墓至今一座也没有发掘到，对八岭山地区的古墓葬的陵园布局、墓葬形制、随葬器物、葬式葬俗等情况尚不清楚。在古代，也有秦将白起"拨郢"后"烧先王墓夷陵"的记载。但综合多方材料和现代物探技术的有关成果来看，八岭山地区的大中型楚墓保存情况是比较好的，其历史价值、艺术价值、研究价值和科学价值在我国南方仅此一例。

南方的楚文化与北方的中原文化一道，构成了中华民族形成和发展的两大渊源，楚文化在中华民族多民族统一国家的形成中占有极其重要的地位，以已知的发掘成果和历史记载来看，楚国在南中国的广大国土首先实现了统一和民族融合，吸收了南至五岭，东至吴会，西至巴蜀的各族先民创造的优秀成果，创造了与古希腊文化同时并肩的楚文化，但楚文化的发展水平到了怎样

的程度，现在谁也难以说清，因为楚王墓至今一个也未发掘。尤其是八岭山上的东周楚墓，至今还是一个谜。历史记载楚国"地方五千里，带甲百万"，而楚国在八岭山以东5000米的纪南城为都，先后长达411年。在以纪南城为中的周围丘陵岗地和八岭山、纪山、马山、雨台山等山脉，有一条呈带状分布的古墓密集区域。先后有20位楚王以纪南城为都，那么楚王和楚国的高级贵族的陵寝应当在这条呈带状分布的区域内。紧邻八岭山已发掘的楚国中小型墓葬的出土文物，其历史、艺术、科学研究价值极高，如紧邻八岭山的马山砖瓦厂一号楚墓，仅仅是一座小墓，因出土了大量的丝绸制品闻名于世，望山一号墓出土的越王勾践剑，是东周时期兵器中的精品，以及随葬的大量精美漆器如双凤悬鼓、彩绘鸳鸯豆、双鱼耳杯和彩绘木雕蛙蛇龙凤座屏等。

从20世纪30年代，寿县和长沙等地非科学出土楚国文物，到现在不过70余年，对楚文化的研究才刚刚开始，加之由于秦国在统一过程中有意识地毁灭楚文化，因而对楚文化的历史记载和著录也不是很多，人们印象中只有老庄哲学、楚辞、离骚和楚庄王霸业等。直到目前为止，灿烂的楚文化可能只露出了冰山一角，许多不为人知的楚国历史及科学与艺术成就，可能就掩埋于八岭山古墓群中的幽幽古冢之内，许多悬而未决的历史疑问，也需要从中寻找答案。

因此，八岭山古墓群对研究我国多民族统一国家的形成和发展，尤其是楚文化，其历史地位和科学研究价值，在我国南方所有的古墓葬群中，首屈一指。

显 陵

　　明显陵位于湖北省钟祥市城东郊的松林山，是明世宗嘉靖皇帝的父亲恭壑献皇帝和母亲章圣皇太后的合葬墓，也是我国数千年历史长河中最具特色的一座帝王陵寝。

　　显陵始建于明正德十四年（1519年），嘉靖四十五年（1566年）建成，前后历时共47年，其围陵面积为183.13公顷，外逻城城墙长3600余米，墙高6米，墙体厚1.8米、红墙黄瓦、金碧辉煌、蜿蜒起伏于层峦叠嶂之中，雄伟壮观，是我国历代帝王陵墓中遗存最为完整的城墙孤品，陵园由内外逻城，前后宝城、

方城明楼、棱思殿、陵恩门、神厨、神库、陵户、军户、神宫监、功德碑楼、新红门、旧红门，内外明塘、九曲御河、龙形神道等30余处规模宏大的建筑群组成，其布局构思巧夺天工，殿宇楼台龙飞凤舞，工艺浮雕精美绝伦，一陵双冢举世罕见，是我国古代建筑艺术中的瑰宝。

显陵的奇特主要源于由王墓改帝陵而形成的一陵双冢的举世无双的孤例。显陵的墓主朱佑杬生前为兴献王，死后葬于松林山，明正德十六年（1521年）武宗驾崩，因其无子嗣，慈寿皇太后与首辅大学士杨廷和遵奉"兄终弟及"的

祖训，遗命"兴献王长子朱厚熜"嗣皇帝位。年号为嘉靖，后朱厚熜为自立体系，用武力平息了长达3年之久的"皇考"之争，其间17人被廷杖致死，受到夺俸、革职、入狱、充军、戍边等处罚的官员达115余人，从而完成了自己的昭穆体系，这一重大历史事件被称为"大礼仪"之争。此后嘉靖皇帝朱厚熜便将其父追尊为恭睿献皇帝，并将王墓改为帝陵，开始了大规模的改建扩建工程，直至嘉靖皇帝驾崩，建设才停止。

显陵以其独特的环境风貌、精巧的布局构思、宏大的建筑规模、丰富的地

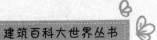

下宝藏极其珍贵的历史价值而受到国家文物专家的高度重视。1988年，国务院公布明显陵为全国重点文物保护单位。1999年3月，明显陵被列入《世界文化遗产名录》。

擂鼓墩古墓群

擂鼓墩古墓群位于湖北省随州市的西北郊。擂鼓墩古为随国领地，北望桐柏，南面涡山（即大洪山），东临极水，山岭绵亘，古冢森森。曾侯乙系战国早期曾国君主，其陵墓营建于红砂岩坡之上，凿石为穴，墓扩面积220平方米，深近20米，停分四室，均以巨木镶隔。主棺分内外两

层，全为彩绘，外棺长3.2米，高2.19米，殉葬棺21具，除一格只染红漆外，皆施彩绘，殉葬人多是13～25岁的青少年女性。随葬物品有礼乐器、兵器、车马器、金玉器、漆木竹器及竹简等达1.5万余件。

擂鼓墩古墓群以九鼎、八簋为中心的铜礼器，品类齐全，造型奇妙，浮雕、透雕、细镂，错金嵌玉，巧夺天工。金杯、金盏，光灿夺目。壁、环、璜、佩等玉器玲珑璀璨，刻技精湛。漆器造型新颖，图案繁缛，蟠龙、卧鹿，栩栩如生。钟、磬、鼓、瑟、琴、竽、萧、笛等乐器，种类繁多，排列有序，宛如一间古代乐厅。尤其是其中一套拥有64件的编钟，设计精巧，铸造瑰丽，出土时，还完整地悬挂在钟架之上。这套编钟音域宽广，音色优美，古今乐曲均能演奏，令人惊叹叫绝。其反映出我国古代科学艺术成就的文化瑰宝，现藏于湖北省博物馆。

麻浩崖墓

麻浩崖墓位于凌云、乌尤两山之间的溢洪河道东岸，麻浩是其地名。崖墓是四川省突出的一种墓葬形式，其特征是沿着浅丘、山谷的砂质岩层由人工凿成方形洞穴，然后安葬遗体和殉葬品。从外部看去，是一个个神秘的山洞。这种墓葬因流行于1 800多年前的东汉至南北朝时期，故称"东汉崖墓"。

乐山东汉崖墓分布在岷江、青衣江、大渡河沿岸和浅山谷的崖壁上，数以万计。其数量之多、规模之大、石刻之丰富居蜀中之首。麻浩崖墓是乐山崖墓群中最集中、最有代表性的墓葬群，在长约200米、宽约25米的范围内有崖墓544座，墓门披连，密如蜂房，极为壮观。崖墓内真实记录了东汉时期的社会生活，出土的大批文物在考古、建筑、绘画、雕塑、制陶等方面都具有较高的研究价值。麻浩崖墓反映了东流时期乐山经济的发达和文化的繁荣。该墓群于1988年被列为全国重点文物保护单位。

麻浩崖墓，早年就以内涵丰富、雕饰精美而被誉为"南安（乐山古称）名墓之首"。墓中保存着许多汉代建筑、车马伎乐、鸟兽虫鱼图形，且有不少有关历史题材的神话故事，以及画像石棺、书法题刻。同时，还有中国乃至世界遗留最早的佛教石刻造像。它是汉文化与印度早期佛教文化交融的具体反映。

崖墓图像雕刻精美，出土文物内容丰富，是研究古代社会政治、经济、文化、历史的重要实物资料。

麻浩崖墓的墓室分为单室、双室、多室三种类型。均由墓门、甬道、主室、棺室、耳室等组成。棺室内凿崖棺。后室设灶台案龛。单室墓一般是在主室一侧设一棺室。双室墓在后室两侧设棺室。多室结构较复杂，墓门由两柱分为2～4个门洞，前室横列，其后平行开凿2～4个后室。各后室结构相同，前设甬道，两侧设室。

　　石刻多见于双室墓和多室墓的墓门及前室。技法为高浮雕、弧面浅浮雕和阴刻，内容有仿木构建筑、画像和文字题记。1号墓墓门和前室刻出仿木构建筑的斗、柱枋、瓦当、板瓦、椽头、连檐等。墓门刻瑞兽、乐伎、秘戏、舞伎等画像；前室刻荆轲刺秦王、方士 、门卒、朱雀、挽辇、六博、垂钓、挽马等画像。中后室甬道口外的门枋上刻高浮雕坐佛一尊，通高37厘米，是中国早期的佛教造像之一。99号墓为横前室四后室墓，墓门刻门阙，前室刻出瓦当、板瓦、椽头、连檐和龙虎戏璧等。后室门有阴刻隶书题记九则。

　　崖墓大多于早年被盗，随葬品有陶制的农夫俑、服饰俑、厨俑、舞俑、乐俑等陶俑，狗、鸡、马、楼房等模型，罐、碗、釜、甑、耳杯等器皿，铜镜、“五铢”钱和铁器等。

王 建 墓

　　王建是唐末五代时期封建统治者中的杰出代表。他忠君、勤政、谋勇兼备、尊重人才、知人善任、容纳直言、谦恭俭素、仁爱士卒、劝课农桑发展生产，政绩卓著。在王建励精图治之下，前蜀国成为当时社会上最稳定、国力最强的国家。都城成都也成为当时中国最繁华的大都市。

　　王建墓位于今四川省成都市一环路内西三洞桥，为五代时前蜀皇帝王建的陵墓。墓室现已发掘开放，中室置棺椁，内立12位英武雄壮的扶棺力士雕像，棺床侧面刻有24幅乐伎像，手持各种民族的乐器，这些乐伎像是研究隋唐五代音乐史的珍贵文物，受到国内外专家的关注。

　　王建墓曾被盗，但仅存的无法被盗走的陵墓建筑和精湛的石刻艺术以及文物，仍可算得上是陵宫艺术中的精品。墓封土高15米，直径为80米，周长225米。气势胜过刘备的"惠陵"。墓内由14道双重石券砌成，分前、中、后三室，全长23.6米。中室放置王建棺椁。

　　王建墓陵台基部周围用条石垒砌，占地面积为4533余平方米。陵台外有砖基3道，似为陵垣遗迹，正南砖基之间建包砖夯土墩一对。墓室为南向，无墓

道，为红砂石建筑，全长23.4米，由14道券拱构成，分前、中、后三室，每室间有木门间隔。前室相当于羡道，在第3道券额上残存有填红、绿二色彩绘，绘宝相花纹，中室为主室，是放置棺椁的地方，棺床为须弥座式，两侧列置12力士半身雕像，神态沉着勇猛，作抬扶棺床之状，造型

奇特，无一雷同。棺床东、西、南三面浮雕24名乐伎，其中舞者2人，奏乐者22人，姿态、表情各异，手拿琵琶、拍板、筚篥、笙、箫、笛、鼓、吹叶等，弹、击、拍、吹各种乐器共20种23件，是一支完整的宫廷乐队。乐器组合属燕乐。乐伎四周及棺床北面饰龙、凤、云纹、花卉等图案，是研究隋唐五代音乐史的珍贵文物，是少见的唐代艺术珍品。颇受国内外专家的关注。后室放置御床，上置王建石雕像。雕像戴头巾，着袍，浓眉深目，隆鼻高颧，薄唇大耳，与史籍中

记载的王建相貌相符。御床正面有双龙戏珠浮雕，左右是狮兽浮雕。床上则是王建的坐像，神情庄重。整个建筑气魄雄伟，装饰华丽精美。

藏 王 墓

　　琼结县的藏王墓是西藏保存下来的最大规模的王陵，松赞干布和文成公主都长眠于此。

　　藏王墓位于西藏琼结县境内，是公元7～9世纪各代吐蕃赞普的陵墓群，为吐蕃王朝时期第29代赞普至第40代（末代）赞普、大臣及王妃的墓葬群，是西藏保存下来的最大规模的王陵。总面积为385平方米。其中最为著名的是松赞干布墓。

　　藏王墓墓群背靠丕惹山，前临雅砻河，说明吐蕃当时已经很注重"背山面水"的"风水"了。整个陵墓群面积约1万平方米，各墓封土高大，高出地表约10米左右。墓顶呈平顶形，跟内地馒头形的封土显然不同，这与《通典》所作

"其墓方正，垒石为之，状若平头屋"的记载基本上是吻合的。封土经夯实，夯层清楚，每层厚度约20～40厘米。

　　藏王墓究竟有多少座？众说不一，由于长年水土流失及流沙的堆积，位于山坡的几座陵墓已与丘陵相混，不易辨认。现在看到的封土堆似为九座。

　　据藏文史料记载：

"君死，赞普之乘马、甲胄、珍玩皆入墓"；"墓内九格，中央置赞普尸，涂以金"；"墓内设有经堂五座，藏各种珍宝"等等。另据唐朝官员刘元鼎记述：当时吐蕃赞普死后，不仅有随葬品，而且还用活人殉葬。

在藏王墓前有吐蕃时期的石碑二方。邻近松赞干布墓的据说是赤德松赞之陵，在此陵东侧坡地上矗立着赤德松赞墓碑一方。碑上覆宝珠翘角盖顶，顶的下面浮雕流云，四角为飞天，刀法精简，线条流畅。正面上宽78厘米，下宽83厘米，两侧均雕云龙纹。碑身下面已被流沙掩埋，露出地面的部分高2.3米，有关部门曾下挖3米，仍不见碑座。正面刻古藏文，碑文内容主要记述了赤德松赞一生的业绩，称颂他是一位"足智多谋，宽宏大度，勇毅不拔，骁武娴文"的赞普。另一块石碑立在离藏王墓不远处的桥头边。此碑形制与赤德松赞墓碑相似，唯碑顶略为不同。顶为重珠，盖下有承柱，也雕流云，但无飞天，两侧为云龙纹。碑身露出地面的部分为3.56米。碑的南面刻古藏文，碑文多已风化剥落。有人考证，此为赤松德赞的墓碑。赤松德赞为吐蕃王朝第五代赞普，他的文治武功仅次于松赞干布，故碑文全是歌功颂德之词："赞普赤松德赞，天神化身，四方诸王，无与伦比……"

在藏王墓前，还有镇墓石狮一对。一狮已残，一狮除左腿断外，还较完整。石狮通高（带座）1.55米，座长1.2米，宽0.76米。刻工简练，形象生动。

藏王墓不仅反映了1 000多年前西藏的丧葬制度和墓葬水平，同时它对研究吐蕃王朝的兴起、衰落具有重要价值。1961年被列为全国重点文物保护单位。

大 禹 陵

大禹陵位于浙江省绍兴东南会稽山北麓，距城约3000米。传说大禹死后就葬在绍兴。现存的大禹陵碑亭是1979年重建的，亭内巨碑上刻有"大禹陵"三个字。据当地人说，即使极有生命力的竹根，凡延伸到大禹陵的区域，竹子无一不枯死，非常神奇。

大禹陵本身是一座规模宏大的古典风格建筑群，由禹陵、禹祠、禹庙三部分组成，占地2.6万多平方米，建筑面积为2700平方米，被列为全国重点文物保护单位，也是全国百家

爱国主义教育示范基地。大禹作为中国第一个王朝的创建者，是古代中国历史上的一代"圣王"。相传4000多年前，神州大地水洋洋而不息，大禹受命治水，"八年于外，三过家门而不入"，与百姓历经艰辛，终于解决了洪水之患。据《史书》记载：大禹"忧民救水到大越（今绍兴），大会计（会议讲座的意思），爵有德，封有功"。会议的地点茅山因此改称"会稽山"（"稽"与"计"是通假字）。大禹做了皇帝以后，"巡守大越"在此病故，后被葬于会稽山下。

　　大禹陵景区由禹陵、禹祠、禹庙三大建筑组成。从大禹陵牌坊进入神道，两旁陈列有5对神兽，过禹贡桥、青石棂星门，拾级而上，越百米甬道，便到达大禹陵碑亭。禹陵的左侧是禹祠，祠前水池，名叫"放生池"，园内有一口千年古井——禹井。禹陵的右侧为禹庙，是一组宫殿式建筑群，为我国东南部的一大名胜古迹。

小故事

　　相传大禹继承了父亲的遗愿——治理泛滥的洪水，由于工作繁忙，到了30岁还没有结婚。这时来了一只九尾白狐，对大禹的敬业精神十分敬佩，就变成一个美丽的姑娘，起了个名字叫涂山氏，向大禹唱歌表达爱慕之情，大禹就和她结了婚。可是大禹婚后仍然忙于治水，很少回家和妻子团聚，涂山姑娘想念大禹，就去治水工地找他，却正好看见大禹变成一头熊在挖山洞。涂山氏以为大禹真的是一只熊，觉得嫁了熊很羞耻，转头就跑。大禹在后面追，匆忙间也忘了变回人形。涂山氏见果然是一头熊追来，更加悲观失望，就变成了一块石头。禹对着石头大声喊："还我儿子来！"石头就裂开口生出了一个小孩，所以大禹儿子的名字就叫"启"或"开"。

岳 飞 墓

　　岳飞墓在杭州城的西北部，风景秀丽的西子湖畔，栖霞岭南麓，有一组古朴雄伟、庄严肃穆的建筑群——岳飞墓、庙，这里背枕青山，面临西湖，是南宋抗金将领、民族英雄岳飞的长眠之地，也是历代人民凭吊、瞻仰岳飞的纪念场所。

　　南宋绍兴十一年（1142年）坚持抗金、反对妥协的岳飞，被宋高宗、秦桧为首的投降派以"莫须有"的罪名杀害于临安（今杭州）的大理寺狱中。岳飞因为坚决抵制民族侵略，时刻捍卫国家和人民的利益而反遭诬陷迫害，引起南宋爱国军民的强烈不满，也赢得了人民的深切同情。当时，有位叫隗顺的狱卒，非常敬佩岳飞的为人和精忠报国的精神，又十分同情岳飞的不幸遭遇，他冒着生命危险，连夜将岳飞的遗体偷偷背出钱塘门外，草葬于九曲丛祠。到绍兴三十二年（1162年）6月，宋孝宗继位。为平定军民的不满情绪，笼络民心，宋孝宗于7月下诏为岳飞平反昭雪，追复岳飞生前原官，并访求岳飞遗体，将其遗骸以礼改葬于栖霞岭南麓，即今址。

　　中华人民共和国成立以后，岳飞墓、庙收归国有。1961年3月，岳飞墓被

国务院列为首批全国重点文物保护单位。1966年秋，"文化大革命"期间，岳飞墓曾遭破坏，岳庙也一度作为收租院等阶级斗争的教育展览馆。1978年，浙江省人民政府拨专款对岳飞墓、庙进行全面的整理维修，于1979年底修复重新开放。

岳飞墓庙现占地23.5亩，建筑面积为2793平方米，总体布局上可分为墓园区、忠烈祠区和启忠祠区三大部分。墓园区位于这组建筑群的西南部，岳飞墓坐西朝东，左前侧附岳云墓，墓道两侧列明代遗留下来的石像生，石阶下墓阙两

侧放有跪诬害岳飞的秦桧等四奸铁像。出墓阙有陵园，甬道尽头为"精忠报国"照壁，南、北两侧各有碑廊一列。庙是墓的附属建筑，由忠烈祠和启忠祠组成，现存建筑大多为清康熙年间重建，虽经几次大修，仍保留了清代的格局和建筑风格。忠烈祠位于岳飞墓的东北，祠前有门楼，为游客参观浏览的入口处。忠烈祠西为启忠祠，原奉祀岳飞父母，现辟为岳飞纪念馆。

800多年来，岳飞墓庙一直是历代人民纪念和瞻仰民族英雄岳飞的场所；今天，更是一个爱国主义教育基地。1995年被定为浙江省爱国主义教育基地，1996年被国家文物局、国家教委、文化部等6部门列为百家"全国中小学生爱国主义教育基地"之一。

湖南炎帝陵

　　炎帝陵，又称"天子坟"位于湖南省炎陵县西南15千米处。炎帝即神农氏，是传说中远古时代的部族领袖。史称他教民播种五谷，收获粮食，故被称为"神农"。他尝百草，发明医药，故又被称为"医药神"。最后因品尝剧毒的断肠草，无药可解而死去。晋皇甫谧著《帝王世纪》载，其死后葬于长沙。宋罗泌《路史》载："崩葬长沙茶乡之尾，是曰茶陵（炎陵县在南宋时由茶陵分置）。"炎帝陵的四周古木掩映，流水环绕其间。陵侧有一座"洗药池"，传说是炎帝洗涮草药的地方，还有明、清两代的御祭石碑数座。

　　史载汉代以前有帝陵，以后各朝各代均有修葺。有历史记载的修葺有：宋代1次，明代3次，清代9次，民国4次。1954年进行一次修复。1986年8月开始再

次整修，1988年10月陵殿修复竣工。修复后的炎帝陵按清皇宫建筑格局布置，炎帝陵殿共分五进：一进为午门，二进为行礼亭，三进为主殿，四进为墓碑亭，五进为陵墓。到目前为止，已恢复或新建开放的自然、人文景观共20多处，主要有炎帝陵殿、御碑园、皇山碑林、天使公馆、圣火台、神农大殿、朝觐广场、神农大桥、白鹭亭、崇德坊、鹿原陂、洗药池等自然景观，均是引人入胜的好去处。

炎帝陵殿是炎帝陵景区的主要景点，沿陵墓南北纵轴线均衡对称布局，坐北朝南，南临洣水，南北长73.4米，东西宽40米，面积为4936平方米。陵园保持了浓郁的清式建筑风格，红墙黄瓦，古木参天，庄严肃穆，气势恢宏。一进的午门是拱形石门，高4米、宽2.6米，门前为朝觐广场，左右分列为拱形戟门和长方形掖门，门扇均为实榻大门。进午门正中，树立国家主席江泽民于1993年9月4日亲笔题写的"炎帝陵"的汉白玉石碑，前嵌盘龙龙陛，取龙盘虎踞，天下一统，江山稳固之意。

二进的行礼亭，是炎黄子孙祭祀始祖的地方，采用庑殿顶，前后檐各四柱落脚的三开间长方亭，面宽14.03米，进深5.53米，亭高8.33米，正上方悬挂全国政协原副主席周培源手书"民族始祖、光照人间"匾额，亭前嵌双龙戏珠龙陛，取名双龙起舞、盛世逢年、天下太平之意。亭中设置香炉、烛台，供人们进香、祭拜、行礼之用。

三进的主殿，为重檐歇山顶，面宽21.16米，进深16.94米，占地358.5平方米，殿高19.33米，由30根直径为60厘米的花岗岩大柱按四排前廊式柱网排列支撑，上下檐为单翘昂头五彩斗拱，正脊檐角饰鳌鱼兽吻。殿内天花饰以金龙和玺、龙草和玺、龙凤和玺及旋子式、苏式等彩绘，共绘彩龙9999条。大殿门额高悬陈云同志题词匾额"炎黄子孙，不忘始祖"。殿中设须弥座神龛，内供炎帝神农氏金身祀像，炎帝两手分执稻穗、灵芝，身前是药篓，左右为木雕蟠龙边柱。殿前龙陛为汉白玉卧龙浮雕，卧在炎帝陵前，似走非走，取藏龙卧

虎、皇权至上至尊之威。

四进的墓碑亭，采用四角攒尖式屋顶，檐角高翘，高7.1米，长宽各6.4米，亭内正中树一块汉白玉墓碑，上镌刻中共中央原总书记胡耀邦手书"炎帝神农氏之墓"。亭后为五进的炎帝墓冢，封土高4.6米，周长50米，墓面石碑为清道光七年（1827年）酃县知县沈道宽所书。冢丘碧草茵茵，四周花木郁郁。

炎帝陵是炎黄子孙寻根谒祖、旅游观光、研究炎帝文化、开展爱国主义教育等多种活动于一体的胜地。1993年，炎帝陵被湖南省人民政府批准为省级风景名胜区。1996年，国务院将炎帝陵列为国家级重点文物保护单位；同年，中宣部确定炎帝陵为全国百个爱国主义教育示范基地之一。1998年，炎帝陵被评为全省最佳旅游景区。1999年，炎帝陵被评为湖南省模范景区。2000年，中华全国归国华侨联合会确定炎帝陵为爱国主义教育基地。

杨粲墓

杨粲墓坐落在贵州省遵义市播州区龙坪永安皇坟嘴，北距遵义市10千米。建于南宋理宗淳祐年间。为平顶双室，用白砂岩条石砌筑，最大的一块石料达1.2万余斤，以子母扣层层套合的方法固定。占地面积为50.1平方米，在西南地区已发掘的同类墓葬中居于首位。

杨粲墓的平面布局是南北两室并列，为夫妇合葬墓，南室墓主是杨粲，北室墓主是他的妻子。两个墓室结构大致相同，均由墓门、前室和后室三部分组成，中有过道相通。通长8.42米，前室宽8.04米，后室宽7.53米。棺床置于后室中间，长3.42米，宽1.84米，高0.43米。四角垫有圆雕龙柱，两侧为交股的龙身和龙尾。后室墓顶各有一方形藻井，当中分别镌双钩"庆栋"（男室）、"德宇"（女室）字样。两室墓门的高度、位置、装饰基本相同，安有仿木构单页门扉，可以开合关锁。

杨粲墓最具特色的地方是其墓内外分布着内容丰富、技艺精湛的石刻装饰。大致可以分为人物、动物、花草、器物5类。雕刻技法以高、低浮雕为主，间或

加阴线刻。有的细部还彩绘贴金，现虽已大部剥蚀，但仍可依稀辨出当年的豪华气派。南室后壁正中为墓主杨粲的雕像，他头戴长脚幞头，身着朝服，正襟危坐，表情严肃。左右有龙柱互峙，前面有龙案（棺床），两边侧壁上，对称雕刻着文官武将、侍女童子，形态各异，颇有神韵。还有一幅引人注目的"贡使图"，卷发跣足的贡使，上身赤裸，只搭一条纱巾，下身着角裙，手脚戴镯环，头部顶着盛满珊瑚、珍珠、金玉的贡盘，反映了当时中央政府与边疆少数民族地区的关系。另外，"野鹿衔芝""凤穿葡萄""双狮戏球""侍女启门"等浮雕均构思巧妙、雕工精美，极富生活气息。两室6座壁龛，仿木构建筑，门窗户壁、梁柱斗拱均为当时的建筑格局，为研究古建筑提供了丰富的实物资料。

杨粲墓内雕满了文官武士、人物花卉、龙床龙椅等，雕工精湛，栩栩如生。墓地周围还有清代郑珍墓、莫有芝墓、黎庶昌墓等，被誉为"西南古代雕刻艺术宝库"，具有较高的观赏和科研价值。

奢 香 墓

奢香墓坐落在贵州省西部的大方县城城边的雾笼坡上，与县城西南的千风衢和县城东南的大渡河桥共同形成了大方县彝族少数民族风情旅游专线。

奢香墓是彝族妇女奢香的后人为了纪念她而修建的。奢香是明洪武年间人，其夫死后代夫领贵州宣慰使一职。辖属下48部彝族民众与当地汉人和平共处。后因贵州都指挥使马晔意欲侵占其地而百般刁难、侮辱，汉彝两族人民出现了矛盾。奢香深明大义，一方面拒绝了属下土司"扫境以反"的要求，一方面不辞劳苦，千里迢迢赶赴京师告御状。明太祖朱元璋出于平定云贵、稳定全国的需要，准其状，处死了马晔。这样，奢香回到贵州后，四处宣扬朝廷的威

德，并通过筑路、朝觐、进贡等活动加强了贵州与明中央王朝的联系。明洪武十九年（1386年），奢香去世。明王朝为表彰其在民族团结、民族和解方面的贡献，特遣专使参加了她的葬礼，并赐以"顺德夫人"称号。后来便形成了一个惯例：凡是被任命到大定、黔西等地任职的官员，为加强彝汉两族人民的团结，每年在清明时节都要登上雾笼坡祭扫其墓。

奢香陵墓共九层台，人龙文虎彝象开。墓葬坐北朝南，左面有条"青龙"，乃是"万山环地拱，一岭向天撑"的云龙山，登高远望，层峦叠嶂，云雾缭绕，伟岸如海，使人顿生胸襟开阔、意兴高远的情怀。右边有条"活龙"，则是已经通车、川流不息的黔西北第一条高等级公路，由大方县城抵四川的纳溪，直接与长江水运相连的大纳公路。前有浪风台"驰逐于其南"，后有将军山"坐镇于其北"。在四周山高林秀的风景映衬之中，更显示出奢墓别具一格的建构布局。环围墓表的板柱、瓦筒、瓦当和护栏、华表等的浮雕、雕刻精细，刀法古朴，造型生动，全是形态各异的生龙活虎之象，鲜明地体现

了彝族独特的传统文化内涵和艺术风格，具有较高的审美价值和艺术价值。

奢香墓虽占地面积不大，但其在彝汉两族人民的心目中占有重要地位。1988年1月，国务院将奢香墓列为第三批全国重点文物保护单位。

郑成功墓

郑成功墓位于福建省南安县水头镇复船山麓。占地面积为998平方米。

郑成功（1624-1662年），名森，字明俨，号大木，南安石井人，生于日本平户，7岁回国，青少年时在晋江安海读书。郑成功是明末清初著名的民族英雄。公元1661年4月至翌年2月，郑成功率领义军东渡台湾，收复宝岛。迫使荷兰侵略者在投降书上签字，在列强东侵的艰难时代，大长中华民族的志气。他同时为开发建设台湾呕心沥血。于公元1662年病逝于台湾承天府，葬于台南州仔尾。清康熙三十八年（1699年），台湾与清朝版图划一。经康熙帝御批，由郑成功之孙郑克爽迁葬回原籍郑氏祖茔，一同迁葬的还有郑成功的儿子郑经。

郑成功陵园在赤土坡上，墓为闽南风格，庄严古朴。墓室为三合土构筑，坐东朝西，平面呈"凤"字形，列3排，分9室，第二排中室为郑成功的墓穴。墓前有石华表1对，高14米，顶端雕坐狮；石夹板9对，左五右四，其中一板刻"戊子年解元"。墓的左右两侧有旗杆夹数对。1929年，考古学家们曾在墓内发现郑成功佩戴的龙纹及鸟纹玉带17块，分别为大、中、小长方形和圆桃形状，一起出土的还有龙袍残片、布靴面等珍贵文物。坟堆前设石供案桌和花岗岩石墓碑，墓碑阴刻"明石井乐斋郑公、淑慎郭氏、乔梓五世孙、六世孙、七世孙茔域"。新中国成立后几经修葺，修通公路，遍植树木，并立《重修民族英雄郑成功陵墓碑记》。郑成功墓为全国重点文物保护单位。

广西靖江王陵

　　靖江王陵位于广西壮族自治区桂林市尧山的西南麓，为明太祖朱元璋的重孙靖江王朱守谦及其历代子孙的陵园，有11座王墓，袭王位的次妃墓4座，将军、中尉、宗室、王亲藩戚等墓共约320余座，是全国保存得比较完整的明代藩王墓群。整个陵园规模庞大、气势磅礴，有"北有十三皇陵，南有靖江皇陵"之称，其中因有11人葬尧山，有"靖江王11陵"之谓。陵园南北长约10千米，东西宽约3000米。每座王陵都有内外两道围墙，墓前有享堂和碑亭，两旁陈列

高大的石人、华表以及虎、狮、羊、象、麒麟等石兽，陵墓封土硕大，墓内用青砖修砌，山墙上饰有琉璃瓦当、勾滴、鸱吻、花砖，整个工程浩大，建筑豪华。俯瞰整个陵园，苍松翠柏与红墙朱殿交相辉映，非常壮观。

靖江王墓群依其地面规制及死者身份可分成6类。第一类是王妃合葬墓，即通常所说的王陵，共10座，级别最高，墓园面积从20万平方米到600多平方米不等，布局一般为长方形，两道围墙、三券陵门（外围墙）、三开间中门（内围墙）、五开间享殿与高大的宝城（墓冢）处在同一轴线上，以神道相通，神道两侧序列守陵狮、墓表和麒麟、大象、秉笏文臣、男侍、女侍等石像作仪仗，一般为11对，有些王陵在秉笏文臣后面还立有神道碑，有些在陵门内或外建有厢房。第二类是次妃墓，共4座，级别次于王妃合墓，墓园布局与王妃合墓相仿，但面积及建筑略小，石像生少2对。第三类是未袭而卒的世子（长子）墓和别子辅国将军墓，级别低于次妃墓，石像生只有7对或更少。第四类是奉国将军墓，墓园面积、石像生少于辅国将军墓。第五类是中尉墓，分镇国中尉墓、辅国中尉墓、奉国中尉墓三级，墓园面积、石像生依次减少，一般只有一道围墙和墓碑，无享堂和石像生。第六类是县君、乡君等女性宗室墓及靖江王宫媵墓，级别最低，无围墙和石像生，仅有墓冢和墓碑。

海南海瑞墓园

海瑞为广东琼山（今海口市）人，少时家境贫寒。中举后曾任浙江淳安知县，户部主事，应天府知府。在任期间曾平反一些冤狱，民间称"海青天"，传说甚多。

海瑞墓位于海南省海口市滨涯村。墓呈圆形，直径为1.6米，高2.6米，用特制墓砖砌成，砖上雕有各种花纹图案。墓前立有石碑，上镌刻"资善大夫南京都察院右都御史赠太子太保谥忠介海公之墓"。墓四周砌有石墙，园内广植花木。

海瑞墓为国家级重点文物保护单位。海瑞墓园始建于明万历十七年（1589

年），是皇帝派许子伟专程到海南监督修建的。
海瑞墓为一座长方形陵园。四周为石砌围墙，园
内草木四季常青，环境整洁宁静，气氛庄严肃
穆。据说，当海瑞灵柩运至现墓地时，抬灵柩的
绳子突然断了，人们以为这是海瑞自选风水宝
地，于是便将其就地下葬。墓前有4米高的石碑。
碑文由海瑞同乡、海瑞墓督造许子伟撰写。海瑞
墓室后扩建了"扬廉轩"，其亭柱上挂有海瑞写
的两副对联，其一是"三生不改冰霜操，万死常
留社稷身"。轩前有海瑞塑像，轩后有"清风
阁"，展示海瑞的生平事迹和陈列相关文物。整

个墓园，绿草如茵，葱郁苍翠的椰树、松柏、绿竹四季常青。陵园内有海瑞文
物陈列室，供人瞻仰。